高职高专"十三五"规划教材

维修电工实训

主编 李 鲁

主审 罗 清

U0245765

北京航空航天大学出版社

内 容 简 介

本书为实训教材,目的是让学生在有限的实训时间内掌握维修电工的基本技能,从维修电工工具及电工仪表的使用、电路图的识读、电力拖动基本电路的安装、普通机床的电路图及 PLC 的基本应用着手,采用实训课题与实际维修相结合的办法,让学生在"学中修,修中学",掌握维修电工的基本技能,为将来的工作打下坚实的基础,毕业后能够快速实现角色的转变。

全书内容共包括 4 个课题及 14 个实训,从电工安全常识到基本工具的使用和常见电路的安装,由易到难,条理清晰,通俗易懂,是初学者不可或缺的一本教材;该教材实用性强,可使学生掌握基本控制电路的安装和故障的排除,快速查找设备故障原因,提高维修效率,创造经济效益。

图书在版编目(CIP)数据

维修电工实训 / 李鲁主编. -- 北京 :北京航空航天大学出版社,2017.8
ISBN 978 - 7 - 5124 - 2425 - 8

Ⅰ.①维… Ⅱ.①李… Ⅲ.①电工-维修-职业教育
-教材 Ⅳ.①TM07

中国版本图书馆 CIP 数据核字(2017)第 112313 号

维修电工实训

主编 李 鲁

主审 罗 清

责任编辑 冯 颖 田 露

*

北京航空航天大学出版社出版发行

北京市海淀区学院路 37 号(邮编 100191)　http://www.buaapress.com.cn
发行部电话:(010)82317024　传真:(010)82328026
读者信箱: goodtextbook@126.com　邮购电话:(010)82316936
涿州市新华印刷有限公司印装　各地书店经销

*

开本:787×1 092　1/16　印张:10.5　字数:269 千字
2017 年 8 月第 1 版　2023 年 7 月第 2 次印刷　印数:2 001~3 000 册
ISBN 978 - 7 - 5124 - 2425 - 8　定价:24.00 元

若本书有倒页、脱页、缺页等印装质量问题,请与本社发行部联系调换。联系电话:(010)82317024

前　言

随着工业技术水平的不断提高,智能化生产线及柔性制造单元在生产中的应用日益广泛,对设备维修人员的要求越来越高,因此,掌握维修的基本技能尤为重要。为了适应社会发展,让学生在有限的实训时间内掌握维修电工的基本技能,本教材从维修电工工具及电工仪表的使用、电路图的识读、电力拖动基本电路的安装、普通机床的电路图及PLC的基本应用着手,采用实训课题与实际维修相结合的办法,让学生在"学中修,修中学",并从中获得成就感和学习的动力,不断地积累维修工作经验,为将来的工作打下坚实的基础,毕业后能够快速实现角色的转变。

全书内容共包括4个课题及14个实训,从电工安全常识到基本工具的使用和常见电路的安装,由易到难,条理清晰,通俗易懂,是初学者不可或缺的一本教材;该教材实用性强,可使学生掌握基本控制电路的安装和故障的排除,能在维修过程中采取分段排除法,快速查找设备故障原因,提高维修效率,创造经济效益。

本书由四川航天职业技术学院李鲁担任主编,白东、张伟涛任副主编,张体强、李含春、吴文东和张继军参加编写,罗清任主审。

由于编者水平有限,书中难免出现错漏之处,敬请批评指正。

作　者
2017 年 2 月

维修电工安全操作规程

1. 在工作前要正确穿戴工作服、绝缘鞋,其油渍不得过重。

2. 在安装电气元件前,要检查元器件的好坏,发现问题要及时报告指导教师。

3. 电气元件要布局合理,排列整齐,安装牢固。

4. 要严格按照电路图进行配线、布线、接线,不得擅自改动电路。

5. 配线、布线时,要正确选择导线的线径和种类。主回路、控制回路、按钮回路要合理使用导线。

6. 接线时,不准出现接头松动、导线裸露过长、垫圈压绝缘层等问题,不准错套或漏套编码套管。

7. 装接完毕检查无误,经指导教师同意后,方可合闸送电。通电试车的操作顺序必须正确。

8. 在通电试车中,要检查电动机、各种电气元件、各种线路工作是否正常;若发现异常,必须立即切断电源。

9. 在任何情况下,均不得通过用手触摸的方式来检验导线或端子是否带电,均应使用完好的验电器来检验。

10. 操作完毕,要做好工作台、工作器具的整理复位工作,经指导教师同意后,方可离开现场。

目　　录

第一篇　基础知识

第二篇　实训部分

第一篇
基础知识

学习情境1　课题1:常用低压电气元件

电器是一种能根据外界信号(机械力、电动力和其他物理量)和要求,手动或自动地接通、断开电路,以实现对电路或非电对象的切换、控制、保护、检测、变换和调节的元件或设备。

低压电气元件通常是指工作在直流电压小于1 200 V、交流电压小于1 500 V的电路中起通、断、保护、控制或调节作用的各种电气元件。常用的低压电气元件主要有刀开关、熔断器、断路器、接触器、继电器、按钮、行程开关等。学习识别与使用这些电气元件是掌握电气控制技术的基础。

低压电气元件的分类如表1-1所列。

表1-1　低压电气元件的分类

分类方式	类　型	说　明
按用途控制对象分类	低压配电电器	主要用于低压配电系统中,发挥电能的输送、分配及保护电路和用电设备的作用,包括刀开关、组合开关、熔断器和自动开关等
	低压控制电器	主要用于电气控制系统中,发挥发布指令、控制系统状态及执行动作等作用,包括接触器、继电器、主令电器和电磁离合器等
按工作原理分类	电磁式电器	根据电磁感应原理来动作的电器,如交流、直流接触器,各种电磁式继电器、电磁铁等
	非电量控制电器	依靠外力或非电量信号(如速度、压力、温度等)的变化而动作的电器,如转换开关、行程开关、速度继电器、压力继电器、温度继电器等
按动作方式分类	自动电器	自动电器指依靠电器本身的参数变化(如电、磁、光等)而自动完成动作切换或状态变化的电器,如接触器、继电器等
	手动电器	手动电器指依靠人工直接完成动作切换的电器,如按钮、刀开关等

1.1　刀开关

1.1.1　刀开关的结构和用途

刀开关又称闸刀开关,是一种手动配电电器。刀开关主要作为隔离电源开关来使用,用在不频繁接通和分断电路的场合。

图1-1所示为瓷底胶盖刀开关实物图。

图1-2所示为瓷底胶盖刀开关结构图,它由操作手柄、熔丝、触刀、触刀座和瓷底座等部分组成,并带有短路保护功能。

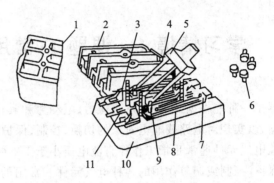

1—上胶盖；2—下胶盖；3—插座；4—触刀；5—瓷柄；
6—胶盖紧固螺钉；7—出线座；8—熔丝；9—触刀座；
10—瓷底座；11—进线座

图1-1　瓷底胶盖刀开关实物图　　图1-2　瓷底胶盖刀开关结构图

　　刀开关在安装时,手柄要向上,不得倒装或平装,避免由于重力而自动下落,引起误动合闸。接线时,应将电源线接在上端,负载线接在下端,这样,断开后,刀开关的触刀与电源隔离,既便于更换熔丝,又可防止可能发生的意外事故。

1.1.2　刀开关的表示方式

　　刀开关的主要类型有:带灭弧装置的大容量刀开关,带熔断器的开启式负荷开关(胶盖开关),带灭弧装置和熔断器的封闭式负荷开关(铁壳开关)等。常用的产品有:HD11～HD14 和 HS11～HS13 系列刀开关,HK1、HK2 系列胶盖开关,HH3、HH4 系列铁壳开关。

　　刀开关按刀数的不同分有单极、双极、三极等几种。

　　(1) 型　号

　　刀开关的型号组成如图1-3所示。

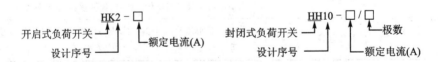

图1-3　刀开关的型号组成

　　(2) 电气符号

　　刀开关的图形符号及文字符号如图1-4所示。

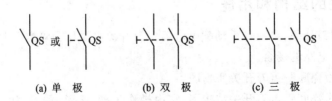

(a) 单　极　　　　(b) 双　极　　　　(c) 三　极

图1-4　刀开关的图形符号、文字符号

1.1.3　刀开关的主要技术参数

刀开关的主要技术参数有额定电压、额定电流、通断能力、动稳定电流、热稳定电流等,其中:

(1)通断能力是指在规定条件下,能在额定电压下接通和分断的电流值。

(2)动稳定电流是指电路发生短路故障时,刀开关并不因短路电流产生的电动力作用而发生变形、损坏或触刀自动弹出等现象,这一短路电流(峰值)即称为刀开关的动稳定电流。

(3)热稳定电流是指电路发生短路故障时,刀开关在一定时间内(通常为 1 s)通过某一短路电流,并不会因温度急剧升高而发生熔焊现象,这一最大短路电流称为刀开关的热稳定电流。

表 1-2 列出了 HK1 系列胶盖开关的技术参数。近年来中国研制的新产品有 HD18、HD17、HSl7 等系列刀形隔离开关,以及 HG1 系列熔断器式隔离开关等。

表 1-2　HK1 系列胶盖开关的技术参数

额定电流值/A	极数	额定电压值/V	可控制电动机最大容量值/kW		触刀极限分断能力($\cos\phi=0.6$)/A	熔丝极限分断能力/A	配用熔丝规格			
							熔丝成分/%			熔丝直径/mm
			220 V	380 V			铅	锡	锑	
15	2	220	—	—	30	500	98	1	1	1.45~1.59
30	2	220	—	—	60	1 000				2.30~2.52
60	2	220	—	—	90	1 500				3.36~4.00
15	2	380	1.5	2.2	30	500	98	1	1	1.45~1.59
30	2	380	3.0	4.0	60	1 000				2.30~2.52
60	2	380	4.4	5.5	90	1 500				3.36~4.00

1.1.4　刀开关的选择与常见故障的处理方法

选择刀开关的注意事项:

(1)根据使用场合,选择刀开关的类型、极数及操作方式。

(2)刀开关额定电压应大于或等于线路电压。

(3)刀开关额定电流应大于或等于线路的额定电流。对于电动机负载,开启式刀开关额定电流可取电动机额定电流的 3 倍,封闭式刀开关额定电流可取电动机额定电流的 1.5 倍。

刀开关的常见故障及其处理方法如表 1-3 所列。

表 1-3　刀开关的常见故障及其处理方法

故障现象	产生原因	处理方法
合闸后一相或两相没电	1. 插座弹性消失或开口过大 2. 熔丝熔断或接触不良 3. 插座、触刀氧化或有污垢 4. 电源进线或出线头氧化	1. 更换插座 2. 更换熔丝 3. 清洁插座或触刀 4. 检查进出线头

续表 1-3

故障现象	产生原因	处理方法
触刀和插座过热或烧坏	1. 开关容量太小 2. 分、合闸时动作太慢造成电弧过大，烧坏触点 3. 夹座表面烧毛 4. 触刀与插座压力不足 5. 负载过大	1. 更换较大容量的开关 2. 改进操作方法 3. 用细锉刀修整 4. 调整插座压力 5. 减轻负载或调换较大容量的开关
封闭式负荷开关的操作手柄带电	1. 外壳接地线接触不良 2. 电源线绝缘损坏碰壳	1. 检查接地线 2. 更换导线

1.2 熔断器

1.2.1 熔断器的结构和用途

熔断器是串联连接在被保护电路中的，当电路短路时，电流很大，熔体急剧升温，立即熔断，所以熔断器可用于短路保护。由于熔体在用电设备过载时所通过的过载电流能积累热量，在用电设备连续过载一定时间后熔体积累的热量也能使其熔断，所以熔断器也可用作过载保护。熔断器一般分为熔体座和熔体两部分。图 1-5 所示为 RL1 系列螺旋式熔断器外形图。

图 1-5 RL1 系列螺旋式熔断器外形图

1.2.2 熔断器的表示方式

（1）型　号
熔断器的型号组成如图 1-6 所示。
（2）电气符号
熔断器的图形符号和文字符号如图 1-7 所示。

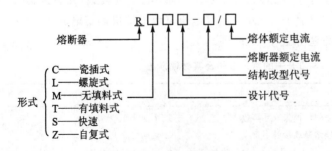

图 1-6 熔断器的型号组成

图 1-7 熔断器图形符号、文字符号

1.2.3　熔断器的主要技术参数

熔断器的主要技术参数有额定电压、额定电流和极限分断能力。

不同型号熔断器的主要技术参数如表 1-4 所列。

表 1-4　熔断器的主要技术参数

型　号	额定电压/V	额定电流/A		分断能力/kA
		熔断器	熔　体	
RL6-25	~500	25	2,4,6,10,20,25	50
RL6-63		63	35,50,63	
RL6-100		100	80,100	
RL6-200		200	125,160,200	
RLS2-30	~500	30	16,20,25,30	50
RLS2-63		63	32,40,50,63	80
RLS2-100		100	63,80,100	
RT12-20	~415	20	2,4,6,10,15,20	80
RT12-32		32	20,25,32	
RT12-63		63	32,40,50,63	
RT12-100		100	63,80,100	
RT14-20	~380	20	2,4,6,10,16,20	100
RT14-32		32	2,4,6,10,16,20,25,32	
RT14-63		63	10,16,20,25,32,40,50,63	

1.2.4　熔断器的选择与常见故障的处理方法

熔断器的选择主要包括熔断器类型、额定电压、额定电流和熔体额定电流等的确定。

熔断器的类型主要由电控系统整体设计确定,熔断器的额定电压应大于或等于实际电路的工作电压;熔断器额定电流应大于或等于所装熔体的额定电流。

确定熔体电流是选择熔断器的关键,具体来说可以参考以下几种情况:

(1)对于照明线路或电阻炉等电阻性负载,熔体的额定电流应大于或等于电路的工作电流,即

$$I_{fN} \geqslant I$$

式中,I_{fN}——熔体的额定电流;

I——电路的工作电流。

(2)保护一台异步电动机时,考虑电动机冲击电流的影响,熔体的额定电流可按下式计算:

$$I_{fN} \geqslant (1.5 \sim 2.5)I_N \qquad (1-1)$$

式中,I_N——电动机的额定电流。

(3)保护多台异步电动机时,若各台电动机不同时启动,则应按下式计算:

$$I_{fN} \geqslant (1.5 \sim 2.5) I_{Nmax} + \sum I_N \qquad (1-2)$$

式中，I_{Nmax}——容量最大的一台电动机的额定电流；

$\sum I_N$——其余电动机额定电流的总和。

（4）为防止发生越级熔断，上、下级（即供电干、支线）熔断器间应有良好的协调配合，为此，应使上一级（供电干线）熔断器的熔体额定电流比下一级（供电支线）大 1～2 个级差。

熔断器的常见故障及其处理方法如表 1-5 所列。

表 1-5 熔断器的常见故障及其处理方法

故障现象	产生原因	处理方法
电动机启动瞬间熔体即熔断	1. 熔体规格选择得太小 2. 负载侧短路或接地 3. 熔体安装时损伤	1. 调换适当的熔体 2. 检查短路或接地故障 3. 调换熔体
熔丝未熔断但电路不通	1. 熔体两端或接线端接触不良 2. 熔断器的螺帽盖未旋紧	1. 清扫并旋紧接线端 2. 旋紧螺帽盖

1.3 低压断路器

1.3.1 低压断路器的结构和用途

低压断路器又称自动空气开关，在电气线路中起接通、分断和承载额定工作电流的作用，并能在线路和电动机发生过载、短路、欠电压的情况下进行可靠的保护。它的功能相当于刀开关、过电流继电器、欠电压继电器、热继电器及漏电保护器等电器部分或全部的功能总和，是低压配电网中一种重要的保护电器。常用的低压断路器有 DZ 系列、DW 系列和 DWX 系列。图 1-8 所示为 DZ 系列低压断路器外形图。

低压断路器的结构示意图如图 1-9 所示。

图 1-8 DZ 系列低压断路器外形图

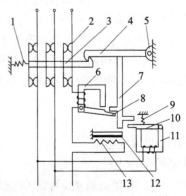

1—弹簧；2—主触点；3—传动杆；4—锁扣；5—轴；
6—电磁脱扣器；7—杠杆；8、10—衔铁；9—弹簧；
11—欠压脱扣器；12—双金属片；13—发热元件

图 1-9 低压断路器结构示意图

低压断路器主要由触点、灭弧系统、各种脱扣器和操作机构等组成。脱扣器又分电磁脱扣器、热脱扣器、复式脱扣器、欠压脱扣器和分励脱扣器 5 种。

图 1-9 所示断路器处于闭合状态,3 个主触点通过传动杆与锁扣保持闭合,锁扣可绕轴 5 转动。断路器的自动分断是由电磁脱扣器 6、欠压脱扣器 11 和双金属片 12 使锁扣 4 被杠杆 7 顶开而完成的。正常工作中,各脱扣器均不动作,而当电路发生短路、欠压或过载故障时,分别通过各自的脱扣器使锁扣被杠杆顶开,实现保护作用。

1.3.2　低压断路器的表示方式

（1）型　号

低压断路器的型号组成如图 1-10 所示。

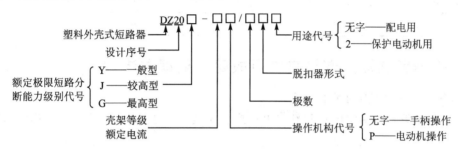

图 1-10　低压断路器的型号组成

（2）电气符号

低压断路器的图形符号及文字符号如图 1-11 所示。

图 1-11　低压断路器图形符号、文字符号

1.3.3　低压断路器的主要技术参数

低压断路器的主要技术参数有额定电压、额定电流、通断能力和分断时间等。通断能力是指断路器在规定的电压、频率以及规定的线路参数（交流电路为功率因素,直流电路为时间常数）下,能够分断的最大短路电流值。分断时间是指断路器切断故障电流所需的时间。DZ20 系列低压断路器的主要技术参数如表 1-6 所列。

表 1-6　DZ20 系列低压断路器的主要技术参数

型　号	额定电流/A	机械寿命/次	电气寿命/次	过电流脱扣器范围/A	短路通断能力			
					交　流		直　流	
					电压/V	电流/kA	电压/V	电流/kA
DZ20Y-100	100	8 000	4 000	16,20,32,40,50,63,80,100	380	18	220	10

型号	额定电流/A	机械寿命/次	电气寿命/次	过电流脱扣器范围/A	短路通断能力			
					交流		直流	
					电压/V	电流/kA	电压/V	电流/kA
DZ20Y-200	200	8 000	2 000	100,125,160,180,200	380	25	220	25
DZ20Y-400	400	5 000	1 000	200,225,315,350,400	380	30	380	25
DZ20Y-630	630	5 000	1 000	500,630	380	30	380	25
DZ20Y-800	800	3 000	500	500,600,700,800	380	42	380	25
DZ20Y-1250	1 250	3 000	500	800,1 000,1 250	380	50	380	30

1.3.4 低压断路器的选择与常见故障的处理方法

低压断路器的选择应注意以下几点：

(1)低压断路器的额定电流和额定电压应大于或等于线路、设备的正常工作电压和工作电流。

(2)低压断路器的极限通断能力应大于或等于电路最大短路电流。

(3)欠电压脱扣器的额定电压应等于线路的额定电压。

(4)过电流脱扣器的额定电流应大于或等于线路的最大负载电流。

使用低压断路器来实现短路保护比使用熔断器优越,因为当三相电路短路时,很可能只有一相的熔断器熔断,造成断相运行。对于低压断路器来说,只要造成短路都会使开关跳闸,将三相同时切断;另外还有其他自动保护作用,但其结构复杂、操作频率低、价格较高,因此适用于要求较高的场合,如电源总配电盘。

低压断路器常见故障及其处理方法如表1-7所列。

表 1-7 低压断路器常见故障及其处理方法

故障现象	产生原因	处理方法
手动操作断路器不能闭合	1.电源电压太低 2.热脱扣的双金属片尚未冷却复原 3.欠电压脱扣器无电压或线圈损坏 4.储能弹簧变形,导致闭合力减小 5.反作用弹簧力过大	1.检查线路并调高电源电压 2.待双金属片冷却后再合闸 3.检查线路,施加电压或更换线圈 4.更换储能弹簧 5.重新调整弹簧反力
电动操作断路器不能闭合	1.电源电压不符 2.电源容量不够 3.电磁铁拉杆行程不够 4.电动机操作定位开关变位	1.调换电源 2.增大操作电源容量 3.调整或调换拉杆 4.调整定位开关
电动机启动时断路器立即分断	1.过电流脱扣器瞬时整定值太小 2.脱扣器某些零件损坏 3.脱扣器反力弹簧断裂或落下	1.调整瞬间整定值 2.调换脱扣器或损坏的零部件 3.调换弹簧或重新装好弹簧

续表 1 - 7

故障现象	产生原因	处理方法
分励脱扣器不能使断路器分断	1. 线圈短路 2. 电源电压太低	1. 调换线圈 2. 检修线路，调整电源电压
欠电压脱扣器噪声大	1. 反作用弹簧力太大 2. 铁芯工作面有油污 3. 短路环断裂	1. 调整反作用弹簧 2. 清除铁芯油污 3. 调换铁芯
欠电压脱扣器不能使断路器分断	1. 反力弹簧弹力变小 2. 储能弹簧断裂或弹簧力变小 3. 机构生锈卡死	1. 调整弹簧 2. 更换或调整储能弹簧 3. 清除锈污

1.4　接触器

1.4.1　接触器的结构和用途

接触器是用于远距离频繁地接通和切断交直流主电路及大容量控制电路的一种自动控制电器。其主要控制对象是电动机，也可以用于控制其他电力负载、电热器、电照明、电焊机与电容器组等。接触器具有操作频率高、使用寿命长、工作可靠、性能稳定、维护方便等优点，同时还具有低压释放保护功能。因此，在电力拖动和自动控制系统中，接触器是运用最广泛的控制电器之一。

按控制电流性质不同，接触器分为交流接触器和直流接触器两大类。图 1 - 12 所示为几款接触器外形图。

(a) CZ0直流接触器　　　(b) CJX1系列交流接触器　　　(c) CJX2-N系列可逆交流接触器

图 1 - 12　接触器外形

交流接触器常用于远距离、频繁地接通和分断额定电压至 1 140 V、电流至 630 A 的交流电路。图 1 - 13 所示为交流接触器的结构示意图，它分别由电磁系统、触点系统、灭弧装置和其他部件组成。

交流接触器工作时，一般当施加在线圈上的交流电压大于线圈额定电压值的 85% 时，铁芯中产生的磁通对衔铁产生的电磁吸力克服复位弹簧拉力，使衔铁带动触点动作。触点动作时，常闭触点先断开，常开触点后闭合，主触点和辅助触点是同时动作的。当线圈中的电压值降到某一数值，铁芯中的磁通下降，吸力减小到不足以克服复位弹簧的拉力时，衔铁复位，使主

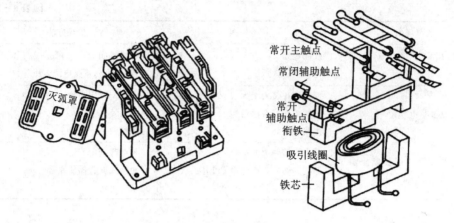

图 1-13 交流接触器结构示意图

触点和辅助触点复位。这个功能就是接触器的失压保护功能。

常用的交流接触器有 CJ10 系列(可取代 CJ0、CJ8 等老产品),CJ12、CJ12B 系列(可取代 CJ1、CJ2、CJ3 等老产品)。

1.4.2 接触器的表示方式

(1)型 号

接触器的型号组成如图 1-14 所示。

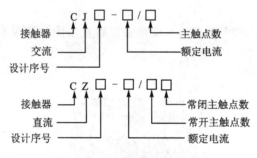

图 1-14 接触器的型号组成

(2)电气符号

交、直流接触器的图形符号及文字符号如图 1-15 所示。

图 1-15 接触器图形符号、文字符号

1.4.3 接触器的主要技术参数

接触器的主要技术参数有额定电压、额定电流、吸引线圈的额定电压、电气寿命、机械寿命和额定操作频率,如表 1-8 所列。

表 1-8   CJ10 系列交流接触器的技术参数

型 号	额定电压/V	额定电流/A	可控制的三相异步电动机的最大功率/kW			额定操作频率/(次·h⁻¹)	线圈消耗功率/(V·A)		机械寿命/万次	电寿命/万次
			220 V	380 V	550 V		启动	吸持		
CJ10-5	380 或 500	5	1.2	2.2	2.2	600	35	6	300	60
CJ10-10		10	2.2	4	4		65	11		
CJ10-20		20	5.5	10	10		140	22		
CJ10-40		40	11	20	20		230	32		
CJ10-60		60	17	30	30		485	95		
CJ10-100		100	30	50	50		760	105		
CJ10-150		150	43	75	75		950	110		

接触器铭牌上的额定电压是指主触点的额定电压,交流额定电压有 127 V、220 V、380 V、500 V 等,直流额定电压有 110 V、220 V、440 V 等。

接触器铭牌上的额定电流是指主触点的额定电流,有 5 A、10 A、20 A、40 A、60 A、100 A、150 A、250 A、400 A 和 600 A 等。

接触器吸引线圈的交流额定电压有 36 V、110 V、127 V、220 V、380 V 等,直流额定电压有 24 V、48 V、220 V、440 V 等。

接触器的电气寿命用其在不同使用条件下无须修理或更换零件的负载操作次数来表示。接触器的机械寿命用其在需要正常维修或更换机械零件前,包括更换触点所能承受的无载操作循环次数来表示。

额定操作频率是指接触器的每小时操作次数。

1.4.4   接触器的选择与常见故障的修理方法

接触器的选择主要考虑以下几方面:

(1)接触器的类型

根据接触器所控制的负载性质,选择直流接触器或交流接触器。

(2)额定电压

接触器的额定电压应大于或等于所控制线路的电压。

(3)额定电流

接触器的额定电流应大于或等于所控制电路的额定电流。对于电动机负载,可按如下经验公式计算:

$$I_c = \frac{P_N}{KU_N} \qquad (1-3)$$

式中,I_c——接触器主触点电流,A;

P_N——电动机额定功率,kW;

U_N——电动机额定电压,V;

K——经验系数,一般取 $1\sim1.4$。

接触器常见故障及其处理方法如表 $1-9$ 所列。

表 $1-9$ 接触器常见故障及其处理方法

故障现象	产生原因	处理方法
接触器不吸合或吸不牢	1. 电源电压过低 2. 线圈断路 3. 线圈技术参数与使用条件不符 4. 铁芯机械卡阻	1. 调高电源电压 2. 调换线圈 3. 调换线圈 4. 排除卡阻物
线圈断电,接触器不释放或释放缓慢	1. 触点熔焊 2. 铁芯表面有油污 3. 触点弹簧压力过小或复位弹簧损坏 4. 机械卡阻	1. 排除熔焊故障,修理或更换触点 2. 清理铁芯极面 3. 调整触点弹簧力或更换复位弹簧 4. 排除卡阻物
触点熔焊	1. 操作频率过高或过负载使用 2. 负载侧短路 3. 触点弹簧压力过小 4. 触点表面有电弧灼伤 5. 机械卡阻	1. 调换合适的接触器或减小负载 2. 排除短路故障更换触点 3. 调整触点弹簧压力 4. 清理触点表面 5. 排除卡阻物
铁芯噪声过大	1. 电源电压过低 2. 短路环断裂 3. 铁芯机械卡阻 4. 铁芯极面有油垢或磨损不平 5. 触点弹簧压力过大	1. 检查线路并提高电源电压 2. 调换铁芯或短路环 3. 排除卡阻物 4. 用汽油清洗极面或更换铁芯 5. 调整触点弹簧压力
线圈过热或烧毁	1. 线圈匝间短路 2. 操作频率过高 3. 线圈参数与实际使用条件不符 4. 铁芯机械卡阻	1. 更换线圈并找出故障原因 2. 调换合适的接触器 3. 调换线圈或接触器 4. 排除卡阻物

1.5 电磁式继电器

电磁式继电器是根据某种输入信号的变化,接通或断开控制电路,实现自动控制和保护电力装置的自动电器。

无论电磁式继电器的输入量是电量还是非电量,电磁式继电器工作的最终目的都是控制触点的分断或闭合,而触点又是控制电路通断的,就这一点来说接触器与电磁式继电器是相同的;但是它们又有区别,主要表现在以下两方面。

(1) 所控制的线路不同

电磁式继电器用于控制电信线路、仪表线路、自控装置等小电流电路及控制电路;接触器用于控制电动机等大功率、大电流电路及主电路。

(2) 输入信号不同

电磁式继电器的输入信号可以是各种物理量,如电压、电流、时间、压力、速度等,而接触器的输入量只有电压。

1.5.1　电磁式继电器的结构和用途

在低压控制系统中采用的继电器大部分是电磁式继电器。电磁式继电器的结构及工作原理与接触器基本相同,主要区别在于:继电器用于切换小电流电路的控制电路和保护电路,而接触器用于控制大电流电路;继电器没有灭弧装置,也无主触点和辅助触点之分等。图 1-16 所示为几种常用电磁式继电器的外形图。

(a) 电流继电器

(b) 电压继电器

(c) 中间继电器

图 1-16　电磁式继电器外形图

电磁式继电器的结构示意图如图 1-17 所示,它由电磁机构和触点系统组成。按吸引线圈电流类型的不同,可分为直流电磁式继电器和交流电磁式继电器。按其在电路中的连接方式,可分为电流继电器、电压继电器和中间继电器等。

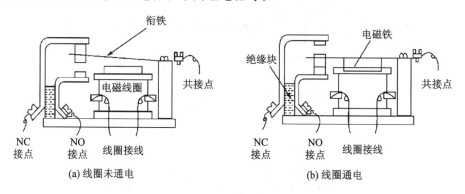

(a) 线圈未通电　　　　　　　　　　　(b) 线圈通电

图 1-17　电磁式继电器结构示意图

（1）电流继电器

电流继电器的线圈与被测电路串联,以反映电路电流的变化。其线圈匝数少、导线粗、线圈阻抗小。电流继电器除用于电流型保护的场合外,还经常用于按电流原则控制的场合。电流继电器分为欠电流继电器和过电流继电器两种。

（2）电压继电器

电压继电器反映的是电压信号。使用时,电压继电器的线圈并联在被测电路中,线圈的匝数多、导线细、阻抗大。继电器根据所接线路电压值的变化,处于吸合或释放状态。根据动作电压值不同,电压继电器可分为欠电压继电器和过电压继电器两种。

（3）中间继电器

中间继电器实质上是电压继电器，只是触点对数多，触点容量较大（额定电流为 5～10 A）。其主要用途为：当其他继电器的触点对数或触点容量不够时，可以借助中间继电器来扩展其触点数或触点容量，起到信号中继作用。

中间继电器体积小，动作灵敏度高，并在 10 A 以下电路中可代替接触器起控制作用。

1.5.2 电磁式继电器的表示方式

（1）型　号

电磁式继电器的型号组成如图 1-18 所示。

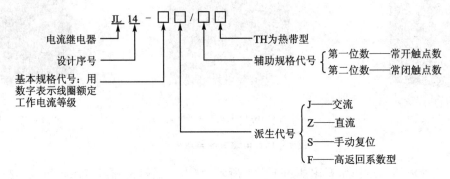

(a) 电流继电器

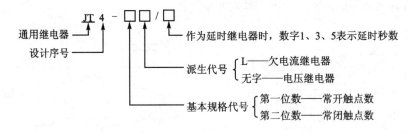

(b) 通电继电器

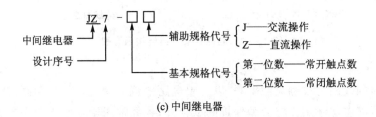

(c) 中间继电器

图 1-18 电磁式继电器的型号组成

（2）电气符号

电磁式继电器的图形符号及文字符号如图 1-19 所示，电流继电器的文字符号为 KI，电压继电器的文字符号为 KV，中间继电器的文字符号为 KA。

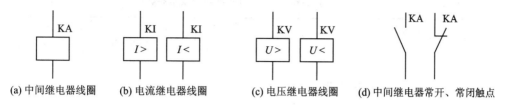

(a) 中间继电器线圈　　(b) 电流继电器线圈　　(c) 电压继电器线圈　　(d) 中间继电器常开、常闭触点

图 1－19　电磁式继电器图形符号、文字符号

1.5.3　电磁式继电器的主要技术参数

　　电磁式继电器的主要技术参数有额定工作电压、吸合电流、释放电流、触点切换电压和电流。

　　额定工作电压是指电磁式继电器正常工作时线圈所需要的电压。根据电磁式继电器的型号不同，可以是交流电压，也可以是直流电压。

　　吸合电流是指电磁式继电器能够产生吸合动作的最小电流。在正常使用时，给定的电流必须略大于吸合电流，这样电磁式继电器才能稳定地工作。而对于线圈所加的工作电压，一般不要超过额定工作电压的 1.5 倍，否则会产生较大的电流而把线圈烧毁。

　　释放电流是指电磁式继电器产生释放动作的最大电流。当电磁式继电器吸合状态的电流减小到一定程度时，电磁式继电器就会恢复到未通电的释放状态。这时的电流远远小于吸合电流。

　　触点切换电压和电流是指电磁式继电器允许加载的电压和电流。它决定了电磁式继电器能控制电压和电流的大小，使用时不能超过此值，否则很容易损坏该继电器的触点。

　　常用的电磁式继电器有 JL14、JL18、JZ15、3TH80、3TH82 及 JZC2 等系列。其中 JL14 系列为交直流电流继电器；JL18 系列为交直流过电流继电器；JZ15 为中间继电器；3TH80、3TH82 与 JZC2 类似，为接触器式继电器。表 1－10、表 1－11 分别列出了 JL14、JZ7 系列继电器的技术参数。

表 1－10　JL14 系列交直流电流继电器的技术参数

电流种类	型　　号	吸引线圈额定电流/A	吸合电流调整范围	触点组合形式	用　途	备　注
直流	JL14 -□□Z JL14 -□□ZS	1，1.5，2.5，5，10，15，25，40，60，300，600，1 200，1 500	$70\%I_N \sim 300\%I_N$	3 常开，3 常闭 2 常开，1 常闭	在控制电路中过电流或欠电流保护	可替代 JT3－1、JT4－J、JT4－S、JL3、JL3－J、JL3－S 等老产品
	JL14 -□□ZO		$30\%I_N \sim 65\%I_N$或释放电流在$10\%I_N \sim 20\%I_N$范围内	1 常开，2 常闭 1 常开，1 常闭		
交流	JL14 -□□J JL14 -□□JS		$110\%I_N \sim 400\%I_N$	2 常开，2 常闭 1 常开，1 常闭		
	JL14 -□□JG			1 常开，1 常闭		

表 1 – 11   JZ7 系列中间继电器的技术参数

型　　号	触点额定电压/V	触点额定电流/A	触点对数		吸引线圈电压/V（交流 50 Hz）	额定操作频率/(次·h⁻¹)	线圈消耗功率/(V·A)	
			常 开	常 闭			启动	吸持
JZ7 – 44	500	5	4	4	12,36,127,220,380	1 200	75	12
JZ7 – 62	500	5	6	2			75	12
JZ7 – 80	500	5	8	0			75	12

1.5.4   电磁式继电器的选择与常见故障的处理方法

继电器是组成各种控制系统的基础元件,选用时应综合考虑继电器的适用性、功能特点、使用环境、工作制、额定工作电压及额定工作电流等因素,做到合理选择。具体应从以下几方面考虑:

(1) 类型和系列的选用。

(2) 使用环境的选用。

(3) 使用类别的选用。典型用途是控制交、直流电磁铁,例如交、直流接触器线圈。使用类别如 AC – 11、DC – 11。

(4) 额定工作电压、额定工作电流的选用。继电器线圈的电流种类和额定电压应注意与系统要一致。

(5) 工作制的选用。工作制不同,对继电器的过载能力要求也不同。

电磁式继电器的常见故障及检修方法与接触器类似。

1.6   时间继电器

在自动控制系统中,需要有瞬时动作的继电器,也需要有延时动作的继电器。时间继电器就是利用某种原理实现触点延时动作的自动电器,经常用于按时间控制原则进行控制的场合。其种类主要有空气阻尼式、电磁阻尼式、电子式和电动式。

时间继电器的延时方式有以下两种。

(1) 通电延时

接收输入信号后延迟一定的时间,输出信号才发生变化。在输入信号消失后,输出瞬时复原。

(2) 断电延时

接收输入信号时,瞬时产生相应的输出信号。在输入信号消失后,延迟一定的时间,输出才复原。

1.6.1   空气阻尼式时间继电器的结构和用途

空气阻尼式时间继电器是利用空气阻尼原理获得延时的,其结构由电磁系统、延时机构和触点三部分组成。电磁机构为双正直动式,触点系统用 LX5 型微动开关,延时机构采用气囊式阻尼器。

图 1-20 所示为 JS7 系列空气阻尼式时间继电器外形图。

图 1-20　JS7 系列空气阻尼式时间继电器外形

空气阻尼式时间继电器的电磁机构可以是直流的,也可以是交流的;既有通电延时型,也有断电延时型。只要改变电磁机构的安装方向,便可实现不同的延时方式:当衔铁位于铁芯和延时机构之间时为通电延时,如图 1-21(a)所示;当铁芯位于衔铁和延时机构之间时为断电延时,如图 1-21(b)所示。

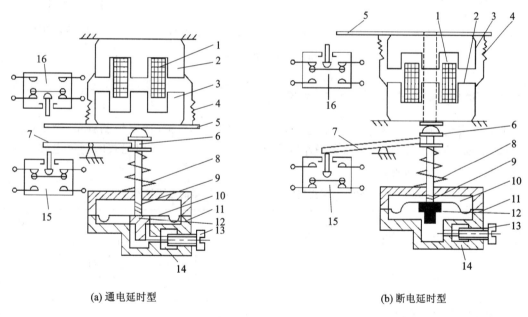

(a) 通电延时型　　　　　　　　　　　　　　(b) 断电延时型

1—线圈;2—铁芯;3—衔铁;4—反力弹簧;5—推板;6—活塞杆;7—杠杆;8—塔形弹簧;9—弱弹簧;
10—橡皮膜;11—空气室壁;12—活塞;13—调节螺钉;14—进气孔;15、16—微动开关

图 1-21　JS7-A 系列空气阻尼式时间继电器结构原理图

空气阻尼式时间继电器的特点是:延时范围较宽(0.4～180 s),结构简单,寿命长,价格低;但其延时误差较大,无调节刻度指示,难以确定整定延时值。在对延时精度要求较高的场合,不宜使用这种时间继电器。常用的 JS7 系列时间继电器的基本技术参数如表 1-11 所列。

1.6.2　时间继电器的表示方式

（1）型　号

时间继电器的型号组成如图1-22所示。

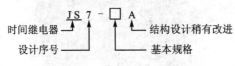

图1-22　时间继电器的型号组成

（2）电气符号

时间继电器的图形符号及文字符号如图1-23所示。

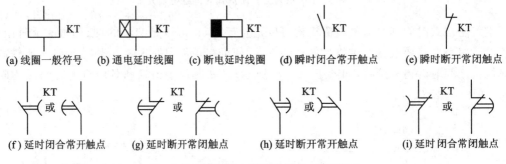

图1-23　时间继电器图形符号、文字符号

1.6.3　时间继电器的主要技术参数

时间继电器的主要技术参数有额定工作电压、额定发热电流、额定控制容量、吸引线圈电压、延时范围、环境温度、延时误差和操作频率等,JS7-A系列空气阻尼式时间继电器的主要技术参数如表1-12所列。

表1-12　JS7-A系列空气阻尼式时间继电器的主要技术参数

型　号	吸引线圈电压/V	触点额定电压/V	触点额定电流/A	延时范围/s	延时触点				瞬动触点	
					通电延时		断电延时		常开	常闭
					常开	常闭	常开	常闭		
JS7-1A	24,36,110,127,220,380,420	380	5	0.4～60及 0.4～180	1	1	—	—	—	—
JS7-2A					1	1	—	—	1	1
JS7-3A					—	—	1	1	—	—
JS7-4A					—	—	1	1	1	1

1.6.4　时间继电器的选择与常见故障的处理方法

时间继电器形式多样,各具特点,选择时应从以下几方面考虑:

（1）根据控制电路对延时触点的要求选择延时方式,即通电延时型或断电延时型。

（2）根据延时范围和精度要求选择继电器类型。

（3）根据使用场合、工作环境选择时间继电器的类型。如电源电压波动大的场合可选空气阻尼式或电动式时间继电器;电源频率不稳定的场合不宜选用电动式时间继电器;环境温度变化大的场合不宜选用空气阻尼式和电子式时间继电器。

时间继电器常见故障及其处理方法如表 1-13 所列。

表 1-13 时间继电器常见故障及其处理方法

故障现象	产生原因	处理方法
延时触点不动作	1. 电磁铁线圈断线 2. 电源电压比线圈额定电压低很多 3. 电动式时间继电器的同步电动机线圈断线 4. 电动式时间继电器的棘爪无弹性,不能刹住棘齿 5. 电动式时间继电器游丝断裂	1. 更换线圈 2. 更换线圈或调高电源电压 3. 调换同步电动机 4. 调换棘爪 5. 调换游丝
延时时间缩短	1. 空气阻尼式时间继电器的气室装配不严,漏气 2. 空气阻尼式时间继电器的气室内橡皮薄膜损坏	1. 修理或调换气室 2. 调换橡皮薄膜
延时时间变长	1. 空气阻尼式时间继电器的气室内有灰尘,使气道阻塞 2. 电动式时间继电器的传动机构缺润滑油	1. 清除气室内灰尘,使气道畅通 2. 加入适量的润滑油

1.7 热继电器

1.7.1 热继电器的结构和用途

电动机在运行过程中若过载时间长,过载电流大,则电动机绕组的温升就会超过允许值,使电动机绕组绝缘老化,缩短电动机的使用寿命,严重时甚至会使电动机绕组烧毁。因此,电动机在长期运行中,需要对其过载提供保护装置。热继电器是利用电流的热效应原理实现电动机的过载保护。图 1-24 所示为几种常用的热继电器外形图。

(a) JR16系列热继电器　　　　(b) JRS1系列热继电器　　　　(c) JRS5系列热继电器

图 1-24 热继电器外形图

热继电器具有反时限保护特性,即过载电流大,动作时间短;过载电流小,动作时间长。当电动机的工作电流为额定电流时,热继电器应长期不动作。其保护特性如表 1-14 所列。

表 1-14　热继电器的保护特性

项　号	整定电流倍数	动作时间	试验条件
1	1.05	>2 h	冷态
2	1.2	<2 h	热态
3	1.6	<2 min	热态
4	6	>5 s	冷态

热继电器主要由热元件、双金属片和触点 3 部分组成。双金属片是热继电器的感测元件,由两种线膨胀系数不同的金属片用机械碾压而成。线膨胀系数大的称为主动层,小的称为被动层。图 1-25 所示为 JR16 系列热继电器的结构示意图。热元件串联在电动机定子绕组中,当电动机正常工作时,热元件产生的热量虽然能使双金属片弯曲,但还不能使继电器动作。当电动机过载时,流过热元件的电流增大,经过一定时间后,双金属片推动导板使继电器触点动作,切断电动机的控制线路。

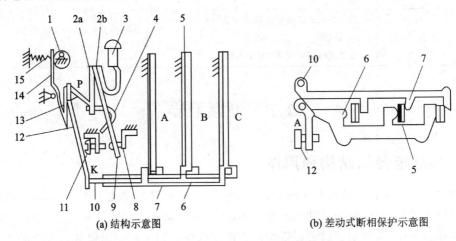

(a) 结构示意图　　　　　　(b) 差动式断相保护示意图

1—电流调节凸轮;2a、2b—簧片;3—手动复位按钮;4—弓簧;5—双金属片;6—外导板;7—内导板;
8—常闭静触点;9—动触点;10—杠杆;11—调节螺钉;12—补偿双金属片;13—推杆;14—连杆;15—压簧

图 1-25　JR16 系列热继电器结构示意

电动机断相运行是电动机烧毁的主要原因之一,因此要求热继电器还应具备断相保护功能。如图 1-25(b) 所示,热继电器的导板采用差动机构,在断相工作时,其中两相电流增大,一相逐渐冷却,这样可使热继电器的动作时间缩短,从而更有效地保护电动机。

1.7.2　热继电器的表示方式

(1) 型　号

热继电器的型号组成如图 1-26 所示。

(2) 电气符号

热继电器的图形符号及文字符号如图 1-27 所示。

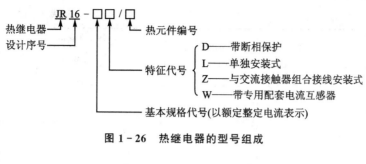

图 1-26 热继电器的型号组成

(a) 热继电器的驱动器件 (b) 常闭触点

图 1-27 热继电器图形符号、文字符号

1.7.3 热继电器的主要技术参数

热继电器的主要技术参数包括额定电压、额定电流、相数、热元件编号及整定电流调节范围等。其中,整定电流是指热继电器的热元件允许长期通过又不致引起继电器动作的最大电流值。对于某一热元件,可通过调节其电流调节旋钮,在一定范围内调节其整定电流。

常用的热继电器有 JRS1、JR20、JR16、JR15、JR14 等系列,引进产品有 T、3UP、LR1-D 等系列。

JRS1、JR20 系列具有断相保护、温度补偿、整定电流值可调、手动脱扣、手动复位、动作后的信号指示等功能。安装方式上除采用分立结构外,还增设了组合式结构,可通过导电杆与挂钩直接插接,可直接连接在 CJ20 接触器上。表 1-15 所列为 JR16 系列热继电器的主要技术参数。

表 1-15 JR16 系列热继电器的主要技术参数

型　　号	额定电流/A	热元件规格	
		额定电流/A	电流调节范围/A
JR16-20/3, JR16-20/3D	20	0.35	0.25~0.35
		0.5	0.32~0.5
		0.72	0.45~0.72
		1.1	0.68~1.1
		1.6	1.0~1.6
		2.4	1.5~2.4
		3.5	2.2~3.5
		5	3.2~5
		7.2	3.5~5.0
		11	6.8~11
		16	10.0~16
		22	14~22

型 号	额定电流/A	热元件规格	
		额定电流/A	电流调节范围/A
JR16 - 60/3， JR16 - 60/3D	60 或 100	22	14～22
		32	20～32
		45	28～45
		63	45～63
JR16 - 150/3， JR16 - 150/3D	150	63	40～63
		85	53～85
		120	75～120
		160	100～160

1.7.4 热继电器的选择与常见故障的处理方法

热继电器主要用于电动机的过载保护，使用时应考虑电动机的工作环境、启动情况、负载性质等因素，具体应从以下几方面来选择。

(1) 热继电器结构形式的选择：Y 接法的电动机可选用两相或三相结构热继电器；△接法的电动机应选用带断相保护装置的三相结构热继电器。

(2) 根据被保护电动机的实际启动时间选取 6 倍额定电流下具有相应可返回时间的热继电器。一般热继电器的可返回时间大约为 6 倍额定电流下动作时间的 50%～70%。

(3) 热元件额定电流一般可按下式确定：

$$I_N = (0.95 \sim 1.05)I_{MN} \tag{1-4}$$

式中，I_N——热元件额定电流；

I_{MN}——电动机的额定电流。

对于工作环境恶劣、启动频繁的电动机，则按下式确定：

$$I_N = (1.15 \sim 1.5)I_{MN} \tag{1-5}$$

热元件选好后，还需用电动机的额定电流来调整其整定值。

(4) 对于重复短时工作的电动机（如起重机电动机），由于电动机不断重复升温，热继电器双金属片的温升跟不上电动机绕组的温升，电动机将得不到可靠的过载保护；因此，不宜选用双金属片热继电器，而应选用过电流继电器或能反映绕组实际温度的温度继电器来进行保护。

热继电器的常见故障及其处理方法如表 1 - 16 所列。

表 1 - 16 热继电器的常见故障及其处理方法

故障现象	产生原因	处理方法
热继电器误动作或动作太快	1. 整定电流偏小 2. 操作频率过高 3. 连接导线太细	1. 调大整定电流 2. 调换热继电器或限定操作频率 3. 选用标准导线
热继电器不动作	1. 整定电流偏大 2. 热元件烧断或脱焊 3. 导板脱出	1. 调小整定电流 2. 更换热元件或热继电器 3. 重新放置导板并试验动作灵活性

故障现象	产生原因	处理方法
热元件烧断	1. 负载侧电流过大 2. 反复 3. 短时工作 4. 操作频率过高	1. 排除故障调换热继电器 2. 限定操作频率或调换合适的热继电器
主电路不通	1. 热元件烧毁 2. 接线螺钉未压紧	1. 更换热元件或热继电器 2. 旋紧接线螺钉
控制电路不通	1. 热继电器常闭触点接触不良或弹性消失 2. 手动复位的热继电器动作后,未手动复位	1. 检修常闭触点 2. 手动复位

1.8 速度继电器

1.8.1 速度继电器的结构和用途

速度继电器是用来反映转速与转向变化的继电器。它可以按照被控电动机转速的大小使控制电路接通或断开。速度继电器通常与接触器配合,实现对电动机的反接制动。图 1 - 28 所示为 JY1 型速度继电器的结构示意图。

速度继电器的转轴和电动机的轴通过联轴器相连,当电动机转动时,速度继电器的转子随之转动,定子内的绕组便切割磁感线,产生感应电动势,而后产生感应电流,此电流与转子磁场作用产生转矩,使定子开始转动。当电动机转速达到某一值时,产生的转矩能使定子转到一定角度并使摆杆推动常闭触点动作;当电动机转速低于某一值或停转时,定子产生的转矩会减小或消失,触点在弹簧的作用下复位。

速度继电器有两组触点(每组各有一对常开触点和常闭触点),可分别控制电动机正、反转的反接制动。常用的速度继电器有 JY1 型和 JFZ0 型,一般速度继电器的动作速度为 120 r/min,触点的复位速度值为 100 r/min。在连续工作制

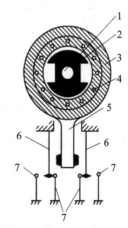

1—转轴;2—转子;3—定子;4—绕组;
5—胶木摆杆;6—动触点;7—静触点

图 1 - 28 JY1 型速度继电器结构示意

中,能可靠地工作在 1 000~3 600 r/min,允许操作频率每小时不超过 30 次。

1.8.2 速度继电器的表示方式

(1)型 号

速度继电器的型号组成如图 1 - 29 所示。

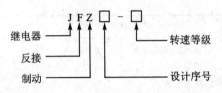

图 1-29　速度继电器的型号组成

（2）电气符号

速度继电器的图形符号及文字符号如图 1-30 所示。

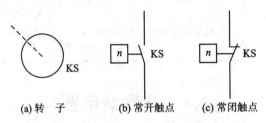

(a) 转　子　　　(b) 常开触点　　　(c) 常闭触点

图 1-30　速度继电器图形符号、文字符号

1.8.3　速度继电器的主要技术参数

JY1、JFZ0 系列速度继电器的主要技术参数如表 1-17 所列。

表 1-17　JY1、JFZ0 系列速度继电器的主要技术参数

型　号	触点额定电压/V	触点额定电流/A	触点数量		额定工作转速/(r·min⁻¹)	允许操作频率/次
			正转时动作	反转时动作		
JY1	380	2	1 常开 0 常闭	1 常开 0 常闭	100~3 600	<30
JFZ0					300~3 600	

1.8.4　速度继电器的选择与常见故障的处理方法

速度继电器主要根据电动机的额定转速来选择。使用时，速度继电器的转轴应与电动机同轴连接；安装接线时，正反向的触点不能接错，否则不能起到反接制动时接通和断开反向电源的作用。

速度继电器的常见故障及其处理方法如表 1-18 所列。

表 1-18　速度继电器的常见故障及其处理方法

故障现象	产生原因	处理方法
制动时速度继电器失效，电动机不能制动	1. 速度继电器胶木摆杆断裂 2. 速度继电器常开触点接触不良 3. 弹性动触片断裂或失去弹性	1. 调换胶木摆杆 2. 清洗触点表面油污 3. 调换弹性动触片

1.9　按　钮

　　按钮是一种手动且可以自动复位的主令电器,其结构简单,控制方便,在低压控制电路中得到广泛应用。图 1－31 所示为 LA19 系列按钮外形。

图 1－31　LA19 系列按钮外形

1.9.1　按钮的结构和用途

　　按钮由按钮帽、复位弹簧、桥式触点和外壳等组成,其结构如图 1－32 所示。触点采用桥式触点,其额定电流在 5 A 以下,分常开触点和常闭触点两种。在外力作用下,常闭触点先断开,然后常开触点再闭合;复位时,常开触点先断开,然后常闭触点再闭合。

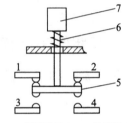

1、2—常闭触点;3、4—常开触点;
5—桥式触点;6—复位弹簧;
7—按钮帽

图 1－32　按钮结构示意图

　　按用途和结构的不同,按钮分为启动按钮、停止按钮和复合按钮等。

　　按使用场合、作用不同,通常将按钮帽做成红、绿、黑、黄、蓝、白、灰等颜色。国家标准 GB 5226.1—2008 对按钮帽颜色规定如下:

> "停止"和"急停"按钮必须为红色。

> "启动"按钮的颜色为绿色。

> "启动"与"停止"交替动作的按钮必须是黑白、白色或灰色。

> "点动"按钮必须是黑色。

> "复位"按钮必须是蓝色(如保护继电器的复位按钮)。

　　在机床电气设备中,常用的按钮有 LA18、LA19、LA20、LA25 和 LAY3 等系列。其中 LA25 系列按钮为通用型按钮的更新换代产品,采用组合式结构,可根据需要任意组合其触点数目,最多可组成 6 个单元。

1.9.2　按钮的表示方式

　　(1) 型　号

　　按钮的型号组成如图 1－33 所示。

　　其中,结构形式代号的含义为:K 为开启式,S 为防水式,J 为紧急式,X 为旋钮式,H 为保护式,F 为防腐式,Y 为钥匙式,D 为带灯按钮。

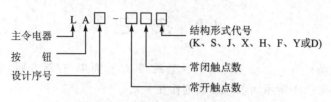

图 1-33 按钮的型号组成

（2）电气符号

按钮的图形符号及文字符号如图 1-34 所示。

(a) 常开触点   (b) 常闭触点   (c) 复合触点

图 1-34 按钮图形符号、文字符号

1.9.3 按钮的主要技术参数

按钮的主要技术参数有额定绝缘电压 U_i、额定工作电压 U_N、额定工作电流 I_N，如表 1-19 所列。

表 1-19 LA19 系列按钮的主要技术参数

型号规格	额定电压/V		约定发热电流/A	额定工作电流		信号灯		触点对数		结构形式
	交流	直流		交流	直流	电压/V	功率/W	常开	常闭	
LA19-11	380	220	5	380 V/0.8 A	220 V/0.3 A			1	1	一般式
LA19-11D	380	220	5			6	1	1	1	带指示灯式
LA19-11J	380	220	5	220 V/1.4 A	110 V/0.6 A			1	1	蘑菇式
LA19-11DJ	380	220	5			6	1	1	1	蘑菇带灯式

1.9.4 按钮的选择与常见故障的处理方法

按钮主要根据使用场合、用途、控制需要及工作状况等进行选择。

➢ 根据使用场合,选择控制按钮的种类,如开启式、防水式、防腐式等。

➢ 根据用途,选用合适的形式,如钥匙式、紧急式、带灯式等。

➢ 根据控制回路的需要,确定不同的按钮数,如单钮、双钮、三钮、多钮等。

➢ 根据工作状态指示和工作情况的要求,选择按钮及指示灯的颜色。

按钮的常见故障及其处理方法如表 1-20 所列。

表 1 - 20　按钮的常见故障及其处理方法

故障现象	产生原因	处理方法
按下启动按钮时有触电的感觉	1. 按钮的防护金属外壳与连接导线接触 2. 按钮帽的缝隙间充满铁屑,使其与导电部分形成通路	1. 检查按钮内连接导线 2. 清理按钮及触点
按下启动按钮,不能接通电路,控制失灵	1. 接线头脱落 2. 触点磨损松动,接触不良 3. 动触点弹簧失效,使触点接触不良	1. 检查启动按钮连接线 2. 检修触点或调换按钮 3. 重绕弹簧或调换按钮
按下停止按钮,不能断开电路	1. 接线错误 2. 尘埃或机油、乳化液等流入按钮形成短路 3. 绝缘击穿短路	1. 更改接线 2. 清扫按钮并相应采取密封措施 3. 调换按钮

1.10　行程开关

1.10.1　行程开关的结构和用途

行程开关是一种利用生产机械的某些运动部件的碰撞来发出控制指令的主令电器,用于控制生产机械的运动方向、行程大小和位置保护等。当行程开关用于位置保护时,又称限位开关。

行程开关的种类很多。常用的行程开关有按钮式、单轮旋转式、双轮旋转式,它们的外形如图 1 - 35 所示。

(a) 按钮式

(b) 单轮旋转式

(c) 双轮旋转式

图 1 - 35　行程开关外形

各种系列的行程开关其基本结构大体相同,都是由操作头、触点系统和外壳组成,其结构如图 1 - 36 所示。操作头接受机械设备发出的动作指令或信号,并将其传递到触点系统,触点再将操作头传递来的动作指令或信号通过本身的结构功能变成电信号,输出到有关控制回路。

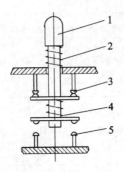

1—顶杆;2—弹簧;3—常闭触点;
4—触点弹簧;5—常开触点

图 1-36　行程开关结构示意图

1.10.2　行程开关的表达方式

(1) 型　号

行程开关的型号组成如图 1-37 所示。

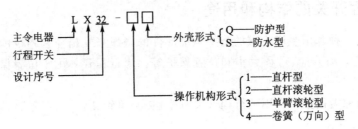

图 1-37　行程开关的型号组成

(2) 电气符号

行程开关的图形符号及文字符号如图 1-38 所示。

(a) 常开触点　　　(b) 常闭触点　　　(c) 复合触点

图 1-38　行程开关图形符号、文字符号

1.10.3　行程开关的主要技术参数

行程开关的主要技术参数有额定电压、额定电流、触点数量、动作行程、触点转换时间、动作力等,如表 1-21 所列。

表 1 - 21　LX19 系列行程开关的技术参数

型　号	触点数量		额定电压/A		额定电流/A	触点换接时间/s	动作力/N	动作行程或角度
	常开	常闭	交流	直流				
LX19 - 001	1	1	380	220	5	≤0.4	≤9.8	1.5~3.5 mm
LX19 - 111							≤7	≤30°
LX19 - 121							≤19.6	
LX19 - 131								
LX19 - 212								≤60°
LX19 - 222								
LX19 - 232								

1.10.4　行程开关的选择

目前,国内生产的行程开关品种规格很多,较为常用的有 LXW5、LX19、LXK3、LX32、LX33 等系列。新型 3SES3 系列行程开关的额定工作电压为 500 V,额定电流为 10 A,其机械、电气寿命比常见行程开关更长。LXW5 系列为微动开关。

在选用行程开关时,应根据不同的使用场合,满足额定电压、额定电流、复位方式和触点数量等方面的要求。

学习情境 2　课题 2：电工识图与国家标准

电气控制系统是由电动机和若干电气元件按照一定要求连接组成，以便完成生产过程控制特定功能的系统。为了表达生产机械电气控制系统的组成及工作原理，同时也便于设备的安装、调试和维修，而将系统中各电气元件及连接关系用一定的图样反映出来，在图样上用规定的图形符号表示各电气元件，并用文字符号说明各电气元件，这样的图样即为电气图。

2.1　电气图中的常用符号

电气图，也称电气控制系统图，必须根据国家标准，用统一的文字符号、图形符号及画法表示，以便于设计人员的绘图及现场技术人员、维修人员的识读。在电气图中，代表电动机、各种电气元件的图形符号和文字符号应按照我国已颁布实施的有关国家标准绘制，如：

➤ GB 4728—85 《电气图常用图形符号》；
➤ GB 6988—86 《电气制图》；
➤ GB 7159—87 《电气技术中的文字符号制订通则》；
➤ GB 5094—85 《电气技术中的项目代号》；
➤ GB 5226—85 《机床电气设备通用技术条件》。

国家规定从 1990 年 1 月 1 日起，电气图中的文字符号和图形符号必须符合最新国家标准。表 2-1 中给出了部分常用电气图形符号和文字符号。因为目前有些技术资料仍使用旧国家标准，所以表 2-1 中还给出了新、旧国家标准对照，以供参考。若需更详细的资料，请查阅最新国家标准。

2.1.1　图形符号

图形符号通常用于图样或其他文件，用于表示一个设备或概念的图形、标记或字符。图形符号含有符号要素、一般符号和限定符号。常用图形符号见表 2-1。

1. 符号要素

符号要素是一种具有确定意义的简单图形，必须同其他图形结合才构成一个设备或概念的完整符号。如接触器常开主触点的符号就由接触器触点功能符号和常开触点符号组合而成。

2. 一般符号

一般符号是用于表示一类产品和此类产品特征的一种简单的符号，如电动机可用一个圆圈表示。

3. 限定符号

限定符号是一种加在其他符号上提供附加信息的符号。

运用图形符号绘制电气图时应注意：

(1) 符号尺寸大小、线条粗细依国家标准可放大与缩小，但在同一张图样中，统一符号的尺寸应保持一致，各符号之间及符号本身比例应保持不变。

表 2－1　部分常用电气图形符号和文字符号新旧对照表

名　称		新标准		旧标准		名　称		新标准		旧标准	
		图形符号	文字符号	图形符号	文字符号			图形符号	文字符号	图形符号	文字符号
一般三极电源开关			QS		K	接触器	线圈		KM		C
低压断路器			QF		UZ		主触头				
位置开关	常开触头		SQ		XK		常开辅助触头				
	常闭触头						常闭辅助触头				
	复合触头					速度继电器	常开触头		KS		SDJ
熔断器			FU		RD		常闭触头				
按钮	启动		SB		QA		线圈				
	停止				TA	时间继电器	常开延时闭合触头		KT		SJ
	复合				AN		常闭延时打开触头				
							常闭延时闭合触头				

名　　称		新标准 图形符号	新标准 文字符号	旧标准 图形符号	旧标准 文字符号
时间继电器	常开延时打开触头		KT		
热继电器	热元件		FR		RJ
热继电器	常闭触头				
继电器	中间继电器线圈		KA		ZJ
继电器	欠电压继电器线圈	U<	KV		QY3
继电器	过电流继电器线圈	I>	KI		GLJ
继电器	常开触头		相应继电器符号		相应继电器符号
继电器	常闭触头				
继电器	欠电流继电器线圈	I<	KI	与新标准相同	QL3
万能转换开关			SA	与新标准相同	HK
制动电磁铁			YB		
电磁离合器			YC		CH
电位器			RF	与新标准相同	W

名　　称	新标准 图形符号	新标准 文字符号	旧标准 图形符号	旧标准 文字符号
桥式整流装置		VC		ZL
照明灯		EL		ZD
信号灯		HL		XD
电阻器		R		R
接插器		X		CZ
电磁铁		YA		DT
电磁吸盘		YH		DX
串励直流电动机		M		ZD
并励直流电动机		M		ZD
他励直流电动机		M		ZD
复励直流电动机		M		ZD
直流发电机		G		ZF
三相鼠笼式异步电动机	M 3~	M		D

（2）标准中示出的符号方位,在不改变符号含义的前提下,可根据图面布置的需要而旋转,或成镜像位置,但是文字和指示方向不得倒置。

（3）大多数符号都可以附加补充说明标记。

（4）对标准中没有规定的符号,可选取 GB 4728《电气图常用图形符号》中给定的符号要素、一般符号和限定符号,按其中规定的原则进行组合。

2.1.2　文字符号

文字符号用于电气技术领域中技术文件的编制,也可以标注在电气设备、装置和元器件上或近旁,以表示电气设备、装置和元器件的名称、功能、状态和特性。

文字符号分为基本文字符号和辅助文字符号,常用文字符号见表 2-1。

1. 基本文字符号

基本文字符号有单字母符号与双字母符号两种。单字母符号按拉丁字母顺序将各种电气设备、装置和元器件划分为 23 大类,每一类用一个专用单字母符号表示,如"C"表示电容器类,"R"表示电阻器类等。

双字母符号由一个表示种类的单字母符号与另一个字母组成,且以单字母符号在前,另一个字母在后的次序排列,如"F"表示保护器件类,则"FU"表示为熔断器,"FR"表示为热继电器。

2. 辅助文字符号

辅助文字符号用来表示电气设备、装置和元器件以及电路的功能、状态和特征。如"L"表示限制,"RD"表示红色等。辅助文字符号也可以放在表示种类的单字母符号之后组成双字母符号,如"YB"表示电磁制动器,"SP"表示压力传感器等。辅助字母还可以单独使用,如"ON"表示接通,"M"表示中间线,"PE"表示保护接地等。

2.1.3　接线端子标记

（1）三相交流电路引入线采用 L_1、L_2、L_3、N、PE 标记,直流系统的电源正、负线分别用 L+、L-标记。

（2）分级三相交流电源主电路采用三相文字代号 U、V、W 的前面加上阿拉伯数字 1、2、3 等来标记。如 1U、1V、1W、2U、2V、2W 等。

（3）电动机分支电路各接点标记采用三相文字代号后面加数字来表示,数字中的个位数字表示电动机代号;十位数字表示该支路各节点的代号,从上到下按数值大小顺序标记。如 U_{11} 表示 M_1 电动机的第一相的第一个节点代号,U_{21} 表示 M_1 电动机的第一相的第二个节点代号,以此类推。

（4）三相电动机定子绕组首端分别用 U_1、V_1、W_1 标记,绕组尾端分别用 U_2、V_2、W_2 标记,电动机绕组中间抽头分别用 U_3、V_3、W_3 标记。

（5）控制电路采用阿拉伯数字编号。标注方法按"等电位"原则进行,在垂直绘制的电路中,标号顺序一般按自上而下、从左至右的规律编号。凡是被线圈、触点等元件所间隔的接线端点,都应标以不同的线号。

2.2 电气图的绘制

常用的电气图包括电气原理图、电气元件布置图、电气安装接线图。图纸尺寸一般选用297 mm×210 mm、297 mm×420 mm、297 mm×630 mm、297 mm×840 mm 四种幅面,特殊需要可按 GB 126—74《机械制图》国家标准选用其他尺寸。

2.2.1 电气原理图

用图形符号、文字符号、项目代号等表示电路各个电气元件之间的关系和工作原理的图称为电气原理图。电气原理图结构简单、层次分明,适用于研究和分析电路工作原理,并可为寻找故障提供帮助;同时也是编制电气安装接线图的依据,因此在设计部门和生产现场得到广泛应用。

电气原理图是把一个电气元件的各部件以分开的形式进行绘制,现场也有将同一电器上各个零部件集中在一起,按照其实际位置画出的电路结构图。图 2-1 所示就是三相异步电动机的全压启动控制线路的电路结构图,其中用了刀开关 QS、交流接触器 KM、按钮 SB、热继电器 FR、熔断器 FU 等几种电气元件。

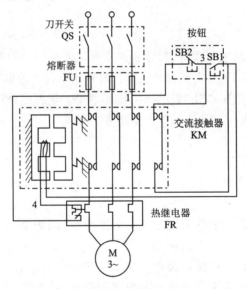

图 2-1 全压启动控制线路的电路结构图

结构图的画法让人比较容易识别电气元件,便于安装和检修;但是,当线路比较复杂和使用的电气元件比较多时,线路便不容易看清楚,因为同一电气元件的各个部件在机械上虽然关联在一起,但是电路上并不一定相互关联。

图 2-2 所示的三相异步电动机的全压启动控制线路电气原理图中,根据工作原理把主电路和控制电路清楚地分开画出,虽然同一电气元件的各部件(譬如接触器的线圈和触点)是分散画在各处的,但它们的动作是相互关联的。为了说明它们在电气上的联系,也为了便于识别,同一电气元件的各个部件均用相同的文字符号来标注。例如:接触器 KM1 的触点、吸引线圈,都用 KM1 来标注;接触器 KM2 的触点和线圈,都用 KM2 来标注。

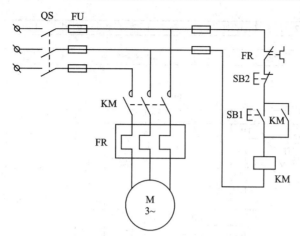

图 2-2 全压启动控制线路电气原理图

1. 电气原理图的绘制

电气元件原理图的绘制原则如下:

(1)电气元件是按未通电和没有受外力作用时的状态绘制的。在不同的工作阶段,各个电气元件的动作不同,触点时闭时开,而在电气原理图中只能表示出一种情况。因此,规定所有电气元件的触点均表示在原始情况下的位置,即在没有通电或没有发生机械动作时的位置。对接触器来说,是线圈未通电,触点未动作时的位置;对按钮来说,是手指未按下按钮时触点的位置;对热继电器来说,是常闭触点在未发生过载动作时的位置等。

(2)触点的绘制位置。使触点动作的外力方向必须是:当图形垂直放置时为从左到右,即垂线左侧的触点为常开触点,垂线右侧的触点为常闭触点;当图形水平放置时为从下到上,即水平线下方的触点为常开触点,水平线上方的触点为常闭触点。

(3)主电路、控制电路和辅助电路应分开绘制。主电路是设备的驱动电路,是从电源到电动机大电流通过的路径;控制电路是由接触器和继电器线圈、各种电器的触点组成的逻辑电路,实现所要求的控制功能;辅助电路包括信号、照明、保护电路。

(4)动力电路的电源电路绘成水平线,受电的动力装置(电动机)及其保护电器支路应垂直于电源电路。

(5)主电路用垂直线绘制在图的左侧,控制电路用垂直线绘制在图的右侧,控制电路中的耗能元件画在电路的最下端。

(6)图中自左而右或自上而下表示操作顺序,并尽可能减少线条和避免线条交叉。

(7)图中有直接电联系的交叉导线的连接点(即导线交叉处)要用黑圆点表示。无直接电联系的交叉导线,交叉处不能画黑圆点。

(8)在原理图的上方将图分成若干图区,并标明该区电路的用途与作用;在继电器、接触器线圈下方列有触点表,以说明线圈和触点的从属关系。

例如,图 2-3 就是根据上述原则绘制出的某机床电气原理图。

2. 电气原理图图面区域的划分

图面分区时,竖边从上到下用英文字母,横边从左到右用阿拉伯数字分别编号。分区代号用该区域的字母和数字表示,如 A3、C6 等。图面上方的图区横向编号是为了便于检索电气线路,方便阅读分析而设置的。图区横向编号的下方对应文字(有时对应文字也可排列在电气原

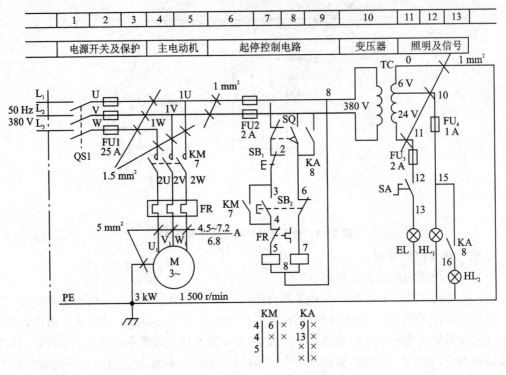

图 2－3　某机床电气原理图

理图的底部)，表明了该区元件或电路的功能，以利于理解全电路的工作原理。

3. 电气原理图符号位置的索引

在较复杂的电气原理图中，对继电器、接触器线圈的文字符号下方要标注其触点位置的索引；而在其触点的文字符号下方要标注其线圈位置的索引。符号位置的索引，用图号、页次和图区编号的组合索引法，索引代号的组成如图 2－4 所示。

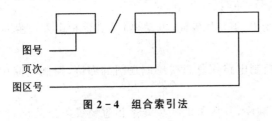

图 2－4　组合索引法

当与某一元件相关的各符号元素出现在不同图号的图样上，而每个图号仅有一页图样时，索引代号可以省去页次；当与某一元件相关的各符号元素出现在同一图号的图样上，而该图号有几张图样时，索引代号可省去图号。依此类推，当与某一元件相关的各符号元素出现在只有一张图样的不同图区时，索引代号只用图区号表示。

图 2－3 所示的图区 9 中，继电器 KA 触点下面的 8 即为最简单的索引代号，它指出继电器 KA 的线圈位置在图区 8。图区 5 中，接触器 KM 主触点下面的 7，即表示继电器 KM 的线圈位置在图区 7。

在电气原理图中，接触器和继电器的线圈与触点的从属关系，应当用附图表示。即在原理图中相应线圈的下方，给出触点的图形符号，并在其下面注明相应触点的索引代号，未使用的触点用"X"表明，如图 2－5 所示。有时也可采用省去触点图形符号的表示法，图 2－3 所示的图区 8 中 KM 线圈和图区 9 中 KA 线圈的下方是接触器 KM 和继电器 KA 相应触点的位置索引。

在接触器 KM 触点的位置索引中,左栏为主触点所在的图区号(有两个主触点在图区 4,另一个主触点在图区 5),中栏为辅助常开触点所在的图区号(一个触点在图区 6,另一个没有使用),右栏为辅助常闭触点所在的图区号(两个触点都没有使用)。

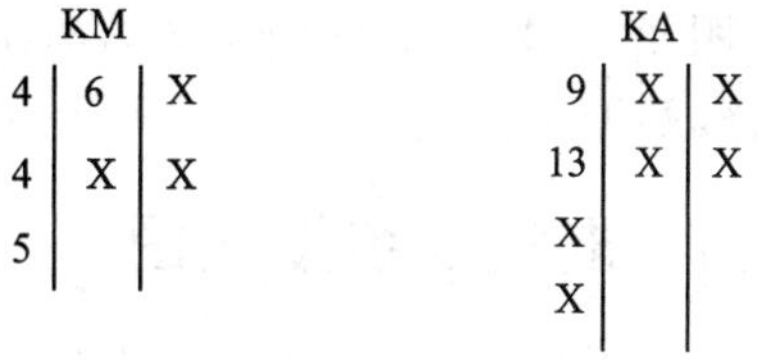

在继电器 KA 触点的位置索引中,左栏为常开触点所在的图区号(一个触点在图区 9,另一个在图区 13),右栏为常闭触点所在的图区号(四个都没有使用)。

KM			KA		
4	6	X	9	X	X
4	X	X	13	X	X
5			X		
			X		

图 2-5 触点图形符号

2.2.2 电气元件布置图

电气元件布置图主要是表明电气设备上所有电气元件的实际位置,为电气设备的安装及维修提供必要的资料。电气元件布置图可根据电气设备的复杂程度集中绘制或分别绘制。图中无须标注尺寸,但是各电气代号应与有关图纸和电气清单上所有的元器件代号相同,在图中往往留有 10% 以上的备用面积及导线管(槽)的位置,以供改进设计时用。

电气元件布置图的绘制原则:

(1)绘制电气元件布置图时,机床的轮廓线用细实线或点划线表示,电气元件均用粗实线绘制出简单的外形轮廓。

(2)绘制电气元件布置图时,电动机要和被拖动的机械装置画在一起;行程开关应画在获取信息的地方;操作手柄应画在便于操作的地方。

(3)绘制电气元件布置图时,各电气元件之间,上、下、左、右应保持一定的间距,并且应考虑器件的发热和散热因素,应便于布线、接线和检修。

图 2-6 所示为某机床电气元件布置图。

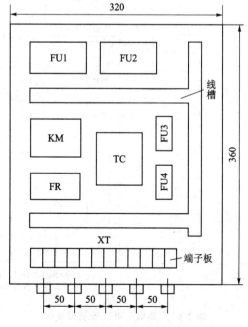

图 2-6 某机床电气元件布置图

图 2-6 中,FU1~FU4 为熔断器,KM 为接触器,FR 为热继电器,TC 为照明变压器,XT 为接线端子板。

2.2.3 电气安装接线图

电气安装接线图主要用于电气设备的安装配线、线路检查、线路维修和故障处理。在图中要表示出各电气设备、电气元件之间的实际接线情况,并标注出外部接线所需的数据。在电气安装接线图中各电气元件的文字符号、元件连接顺序、线路号码编制都必须与电气原理图一致。

电气安装接线图的绘制原则:

(1)各电气元件均按其在安装底板中的实际位置绘出。元件所占图面按实际尺寸以统一比例绘制。

(2)一个元件的所有部件绘在一起,并用点划线框起来,有时将多个电气元件用点划线框起来,表示它们是安装在同一安装底板上的。

(3)安装底板内外的电气元件之间的连线通过接线端子板进行连接,安装底板上有几条接至外电路的引线,端子板上就应绘出几个线的接点。

(4)走向相同的相邻导线可以绘成一股线。

例如,图 2-7 就是根据上述原则绘制出的某机床电气安装接线图。

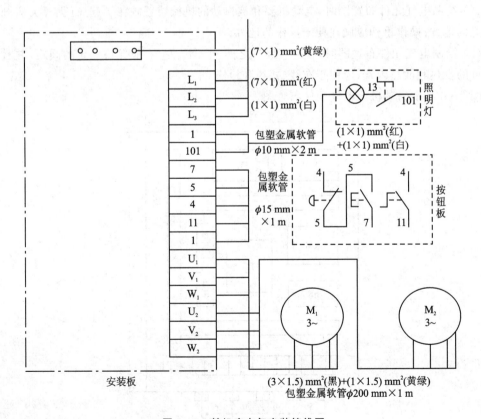

图 2-7 某机床电气安装接线图

2.3　电气原理图的识读

电气原理图是表示电气控制线路工作原理的图形,所以熟练识读电气原理图是掌握设备正常工作状态、迅速处理电气故障的必不可少的环节。

生产机械的实际电路往往比较复杂,有些还和机械、液压(气压)等动作相配合来实施控制。因此在识读电气原理图之前,首先要了解生产工艺过程对电气控制的基本要求,例如需要了解控制对象的电动机数量、各台电动机是否有启动、反转、调速、制动等控制要求,需要哪些联锁保护,各台电动机的启动、停止顺序的要求等具体内容,并且要注意机、电、液(气)的联合控制。

2.3.1　读图要点

在阅读电气原理图时,大致可以归纳为以下几点:

(1) 必须熟悉图中各器件的符号和作用。

(2) 阅读主电路。应该了解主电路有哪些用电设备(如电动机、电炉等),以及这些设备的用途和工作特点,并根据工艺过程,了解各用电设备之间的相互联系,采用的保护方式等。在完全了解主电路的这些工作特点后,就可以根据这些特点再去阅读控制电路。

(3) 阅读控制电路。控制电路由各种电器组成,主要用来控制主电路工作。在阅读控制电路时,一般先根据主电路接触器主触点的文字符号,到控制电路中去找与之相应的吸引线圈,进一步弄清楚电机的控制方式。这样可将整个电气原理图划分为若干部分,每一部分控制一台电动机。另外,控制电路一般是依照生产工艺要求,按动作的先后顺序,自上而下、从左到右、并联排列。因此读图时也应自上而下、从左到右,一个环节、一个环节地进行分析。

(4) 对于机、电、液配合得比较紧的生产机械,必须进一步了解有关机械传动和液压传动的情况,有时还要借助于工作循环图和动作顺序表,配合电器动作来分析电路中的各种联锁关系,以便掌握其全部控制过程。

(5) 阅读照明、信号指示、监测、保护等各辅助电路环节。

对于比较复杂的控制电路,可按照先简后繁,先易后难的原则,逐步解决。因为无论怎样复杂的控制线路,总是由许多简单的基本环节所组成。阅读时可将其分解开来,先逐个分析各个基本环节,然后再综合起来全面加以解决。

概括地说,阅读的方法可以归纳为:从机到电,先"主"后"控",化整为零,连成系统。

2.3.2　读图练习

【例 1】　图 2-8 所示为 C620-1 型普通车床的电气原理图,试分析该线路的组成和各部分的功能。

1. 电气原理图分析

C620-1 型车床是常用的普通车床之一,M_1 为主轴电动机,拖动主轴旋转,并通过进给机构实现车床的进给运动。M_2 为冷却泵电动机,拖动冷却泵为车削工件时输送冷却液。

将电路分为主电路、控制电路、照明电路三大部分来分析:

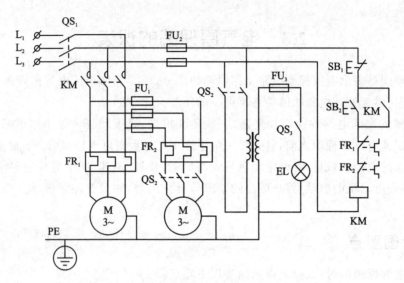

图 2 - 8 C620 - 1 型普通车床电气原理图

（1）主电路

电源由转换开关 SA_1 引入。

M_1 为小于 10 kW 的小容量电动机，所以采用直接启动。由于 M_1 的正反转通过摩擦离合器改变传动链来实现，操作人员只需控制操纵杆，即可完成主轴电动机的正反转控制，因此，在电路中仅仅是通过接触器 KM 的主触点来实现单方向旋转的启动、停止控制。

M_2 冷却泵电动机容量更小，大约只有 0.125 kW，因此可由转换开关 SA_2 直接操纵，实现单方向旋转的控制，这样既经济，又方便操纵。但是 M_2 的电源由接触器 KM 的主触点控制，所以必须在主轴电动机启动后方可开动，具有顺序联锁关系。

（2）控制电路

控制电路由启动按钮 SB_1、停止按钮 SB_2、热继电器 FR_1、FR_2 的常闭触点和接触器 KM 的吸引线圈组成，完成电动机的单向启/停控制。

工作过程如下：闭合电源开关 SA_1，按下启动按钮 SB_1，接触器 KM 的吸引线圈通电，KM 主触点和自锁触点闭合，M_1 主轴电动机启动并运行。如需车床停止工作，只要按下停止按钮 SB_2 即可。

（3）照明和保护环节

① 照明环节

由变压器副绕组供给 36 V 安全电压经照明开关 SA_3 控制照明灯 EL。照明灯的一端接地，以防止变压器原、副绕组间发生短路时可能造成的触电事故。

② 保护环节

过载保护：由热继电器 FR_1、FR_2 实现 M_1 和 M_2 两台电动机的长期过载保护。

短路保护：由 FU_1、FU_2、FU_3 实现对冷却泵电动机、控制电路及照明电路的短路保护。由于进入车床电气控制线路之前，配电开关内已装有熔断器用作短路保护，所以主轴电动机未另加熔断器用作短路保护。

欠压与零压保护：当外加电源过低或突然失压时，由接触器 KM 实现欠压与零压保护。

2. 常见故障分析

（1）主轴电动机不能启动

首先应该重点检查电源是否引入,若配电开关内熔丝完好,则检查 FU_2 是否完好;FR_1、FR_2 常闭触点是否复位。这类故障检查与排除较为简单,但更为重要的是应查明引起短路或过载的原因并将其排除。

此外,还可检查接触器 KM 吸引线圈接线端是否松动;三对主触点是否良好;再者,检查按钮 SB_1、SB_2 接点接触是否良好;各连接导线有无虚接或断线。

（2）主轴电动机缺相运行

发生缺相运行时,按下启动按钮 SB_1,电动机会发出嗡嗡声,不能启动。此时应检查配电开关内是否有一相熔丝熔断;接触器 KM 是否有一对主触点接触不良;电动机接线是否有一处断线。当发生这种故障时,应当尽快切断电源,排除故障后再重新启动电动机。

（3）主轴电动机能启动但不能自锁

这是由于接触器 KM 自锁触点闭合不上,或自锁触点未接入的缘故。

（4）按下停止按钮 SB2 主轴机 M_1 不停止

检查接触器 KM 主触点是否熔焊、被杂物卡住或有剩磁不能复位;停止按钮常闭触点是否被卡住,不能分断。

（5）局部照明灯 EL 不亮

检查变压器副绕组侧有无 36 V 电压;开关 SA_3 是否良好。

【例 2】　图 2-9 所示为电动葫芦的电气控制线路图,试分析该线路的组成和各部分的功能。

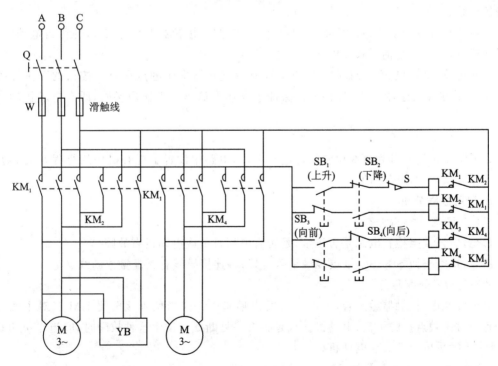

图 2-9　电动葫芦电气控制线路图

1. 电气原理图分析

电动葫芦是一种起重量小、结构简单的起重机,它广泛应用于工矿企业中,尤其在修理和安装工作中,用来吊运重型设备。

将电路分为主电路、控制电路、保护环节三大部分来分析:

(1) 主电路

电源由转换开关 SA_1 引入。

升降电动机 M_1 由上升、下降接触器 KM_1、KM_2 的主触点控制,移行电动机 M_2 由向前、向后接触器 KM_3、KM_4 的主触点来控制。两台电动机均须实现双向运行控制。

升降电动机 M_1 转轴上装有电磁抱闸 YB。它在断电停车时,能抱住 M_1 的转轴,使重物不能自行坠落。

(2) 控制电路

由 4 个复合按钮 SB_1、SB_2、SB_3、SB_4 和 4 个接触器 KM_1、KM_2、KM_3、KM_4 的吸引线圈以及接触器的常闭互锁触点组成,完成两台电动机的双向启/停控制。

工作过程如下:闭合电源开关 SA_1,按下上升启动按钮 SB_1,接触器 KM_1 的吸引线圈通电,KM_1 主触点闭合,M_1 主轴电动机启动,重物上升。在上升过程中,SB_1 的常闭触点和 KM_1 的互锁常闭触点始终断开,断开了下降控制回路,此时,下降按钮 SB_2 无效。如需停止上升,只要松开按钮 SB_1 即可,同时下降控制电路恢复原状。

按下下降启动按钮 SB_2,接触器 KM_2 的吸引线圈通电,KM_2 主触点闭合,M_1 主轴电动机启动,重物下降。在下降过程中,SB_2 的常闭触点和 KM_2 的互锁常闭触点始终断开,断开了上升控制回路,此时,上升按钮 SB_1 无效。如需停止下降,只要松开按钮 SB_2 即可,同时上升控制电路恢复原状。

前后移动控制与此相似,由 SB_3、SB_4 控制向前、向后接触器 KM_3、KM_4,使移行电动机 M_2 正反向运行,带动重物前后移动。

由此可见,电动机 M_1、M_2 均采用点动控制及接触器常闭触点和复合按钮的双重互锁的正反转控制方式。这种点动控制方式,保证了操作人员离开工作现场时,所有电动机均自行断电。

(3) 保护环节

为了防止吊钩上升到过高位置撞坏电动葫芦,电路中设置了提升机构的行程开关 SQ,用于实现提升位置的极限保护。

2. 常见故障分析

(1) 升降电动机不能起吊重物

首先,应该重点检查电源是否正常,是否有电压过低或电动机有故障。

然后,检查按钮 SB_1、SB_2 接点接触是否良好;各连接导线有无虚接或断线。

(2) 电动机缺相运行

电源接通后,接触器虽闭合,但电动机发出嗡嗡声。应当检查接触器 KM 三对主触点中是否有一对主触点接触不良;电动机接线是否有一处断线。发生这种故障时,应当尽快切断电源,排除故障后再重新启动电动机。

(3) 制动电磁铁线圈发热

检查电磁铁线圈匝间是否发生短路。

学习情境3 课题3:电工工具仪表使用基本知识

3.1 验电器

1. 验电器的使用方法

低压验电器(试电笔)使用时,正确的握笔方法如图3-1所示。手指触及其尾部金属体,氖管背光朝向使用者,以便验电时观察氖管辉光情况。

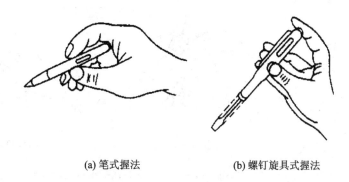

(a) 笔式握法　　　　　(b) 螺钉旋具式握法

图3-1　低压验电器握法

当被测带电体与大地之间的电位差超过60 V时,用试电笔测试带电体,试电笔中的氖管就会发光。低压验电器电压测试范围是60~500 V。

高压验电器使用时,应特别注意的是,手握部位不得超过护环,还应戴好绝缘手套。高压验电器握法如图3-2所示。

2. 验电器的使用要求

(1)验电器使用前应在确有电源处测试检查,确认验电器良好后方可使用。

(2)验电时应将电笔逐渐靠近被测体,直至氖管发光。只有在氖管不发光,并在采取防护措施后,才能与被测物体直接接触。

(3)使用高压验电器验电时,应一人测试,一人监护;测试人必须戴好符合耐压等级的绝缘手套;

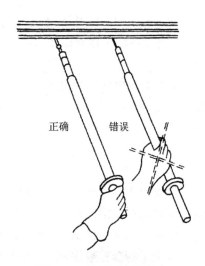

正确　　错误

图3-2　高压验电器握法

测试时要防止发生相间或对地短路事故;人体与带电体应保持足够的安全距离。

(4)在雪、雨、雾及恶劣天气情况下不宜使用高压验电器,以免发生危险。

3.2 钢丝钳

钢丝钳的结构和使用方法如图 3-3 所示。

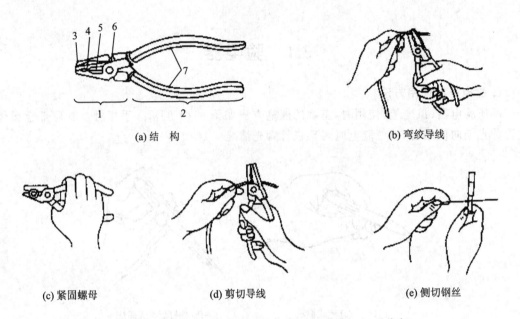

(a) 结　构　　　　　　　　　　　　(b) 弯绞导线

(c) 紧固螺母　　　　　　(d) 剪切导线　　　　　　(e) 侧切钢丝

1—钳头;2—钳柄;3—钳口;4—齿口;5—刀口;6—铡口;7—绝缘套

图 3-3　钢丝钳的结构和使用方法

使用钢丝钳时的注意事项如下:

(1)电工在使用钢丝钳之前,必须保证绝缘手柄的绝缘性能良好,以保证带电作业时的人身安全。

(2)用钢丝钳剪切带电导线时,严禁用刀口同时剪切相线和零线;或同时剪切两根相线,以免发生短路事故。

3.3 尖嘴钳

尖嘴钳的头部尖细,适用于在狭小的空间操作。钳头用于夹持较小螺钉、垫圈、导线和把导线端头弯曲成所需形状,小刀口用于剪断细小的导线、金属丝等。尖嘴钳规格通常按其全长分为 130 mm、160 mm、180 mm、200 mm 四种。

尖嘴钳手柄套有绝缘耐压 500 V 的绝缘套。使用注意事项同钢丝钳注意事项。

3.4 螺丝刀

1. 螺丝刀使用方法

螺丝刀又称起子或改锥,是用来紧固或拆卸带槽螺钉的常用工具。按头部形状可分为一字形和十字形两种，如图 3-4 所示。正确的使用方法如图 3-5 所示。

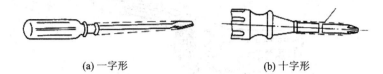

(a) 一字形　　　　　　　　　(b) 十字形

图 3-4　螺丝刀

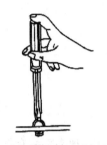

使用时握法

(a) 大螺丝钉螺丝刀的用法　　　　　　　　(b) 小螺丝钉螺丝刀的用法

图 3-5　螺丝刀的使用方法

2. 使用螺丝刀时的注意事项

（1）电工不可使用金属杆直通柄顶的螺丝刀，以避免触电事故的发生。

（2）用螺丝刀拆卸或紧固带电螺栓时，手不得触及螺丝刀的金属杆，以免发生触电事故。

（3）为避免螺丝刀的金属杆触及带电体时手指碰触金属杆，电工用螺丝刀应在螺丝刀金属杆上穿套绝缘管。

3.5　电工刀

使用电工刀时，刀口应朝外部切削，切记不要面向人体切削。剖削导线绝缘层时，应使刀面与导线成较小的锐角，以避免割伤线芯。电工刀刀柄无绝缘保护，不能接触或剖削带电导线及器件。新电工刀刀口较钝，应先开启刀口，然后再使用。电工刀使用后应随即将刀身折进刀柄，注意避免伤手。电工刀如图 3-6 所示。

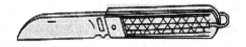

图 3-6　电工刀

3.6　剥线钳

剥线钳用来剥削直径 3 mm 及以下绝缘导线的塑料或橡胶绝缘层，其外形如图 3-7 所示。它由钳口和手柄两部分组成。剥线钳钳口分有 0.5～3 mm 的多个直径切口，用于不同规格线芯线直径相匹配，切口过大难以剥离绝缘层，切口过小会切断芯线。

剥线钳也装有绝缘套。剥线钳的外形如图 3-7 所示。

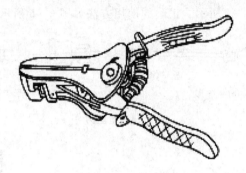

图 3-7 剥线钳

3.7 手电钻

手电钻是一种头部装有钻头、内部装有单相电动机、靠旋转来钻孔的手持电动工具。它有普通电钻和冲击电钻两种。冲击电钻的外形如图 3-8 所示。

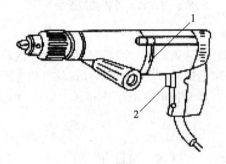

1—锤/钻调节开关;2—电源开关

图 3-8 冲击电钻

3.8 拆卸器(拉爪)

拆卸器是拆装皮带轮、联轴器及轴承的专用工具。

用拆卸器拆卸皮带轮(或联轴器)时,应首先将紧固螺栓或销子松脱,并摆正拆卸器,将丝杆对准电机轴的中心,慢慢拉出皮带轮。若拆卸困难,则可用木槌敲击皮带轮外圆和丝杆顶端,也可在支头螺栓孔注入煤油后再拉。如果仍然拉不出来,则可对皮带轮外表加热,在皮带轮受热膨胀而轴承尚未热透时,将皮带轮拉出来。切忌硬拉或用铁锤敲打。

加热时可用喷灯或气焊枪,但温度不能过高,时间不能过长,以免造成皮带轮损坏。

3.9 游标卡尺

1. 游标卡尺的使用

游标卡尺及量值读数示意图如图 3-9 所示。使用前应检查游标卡尺是否完好,游标零位刻度线与尺身零位线是否重合。测量外尺寸时，应将两外测量爪张开到稍大于被测件；测量内尺寸时，应将两内测量爪张开到稍小于被测件，并将固定量爪的测量面贴紧被测件，然后慢慢轻推游标使两测量爪的测量面紧贴被测件，拧紧固定螺钉，读数。

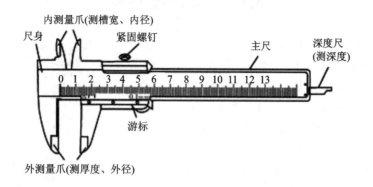

图 3 - 9　　游标卡尺及量值读数示意图

2. 读数方法

读数时，首先从游标的零位线所对尺身刻度线上读出整数的毫米值，再从游标上刻度线与尺身刻度线对齐处读出小数部分的毫米值，将两数值相加即为被测件的测量值。

游标卡尺使用完毕，应擦拭干净。长时间不用时，应涂上防锈油保管。

3.10　千分尺

1. 千分尺的使用

测量前应将千分尺的测量面擦拭干净，检查固定套筒中心线与活动套筒的零线是否重合，活动套筒的轴向位置是否正确。有问题必须进行调整。测量时，将被测件置于固定测砧与测微螺杆之间，一般先转动活动套筒，当千分尺的测量面刚接触到工件表面时，改用棘轮微调，待棘轮开始空转发出嗒嗒声响时，停止转动棘轮，即可读数。

2. 读数方法

读数时要先看清楚固定套筒上露出的刻度线，此刻度可读出毫米或半毫米的读数；然后再读出活动套筒刻度线与固定套筒中心线对齐的刻度值（活动套筒上的刻度每一小格为0.01 mm），将两读数相加就是被测件的测量值。

3. 使用注意事项

使用千分尺时，不得强行转动活动套筒；不要把千分尺先固定好后，用力向工件上卡，以避免损伤测量面或弄弯螺杆。千分尺用完后应擦拭干净，涂上防锈油存放在干燥的盒子中。为保证测量精度，应定期检查校验。

3.11　塞　尺

塞尺又称测微片或厚薄规。使用前必须先清除塞尺和工件上的污垢与灰尘。使用时，将一片或数片塞尺重叠插入间隙,以稍感拖滞为宜。测量时动作要轻,不允许硬插,也不允许测量温度较高的零件。

3.12　手动压接钳

LTY 型手动压接钳如图 3－10 所示。

用压接钳对导线进行冷压接时,应先将导线表面的绝缘层及油污清除干净,然后将两根需要压接的导线头对准中心,在同一轴上,然后用手扳动压接钳的手柄,压 2～3 次。铝－铜接头应压 3～4 次。国产 LTY 型手动压接钳可以压接直径为 1.3～3.6 mm 的铝－铝导线和铝－铜导线。

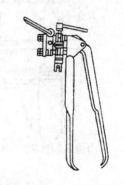

图 3－10　LTY 型手动压接钳

3.13　指针式万用表

1. 组成与标志

指针式万用表主要由表头、测量线路、转换开关三部分组成,其外形如图 3－11 所示。

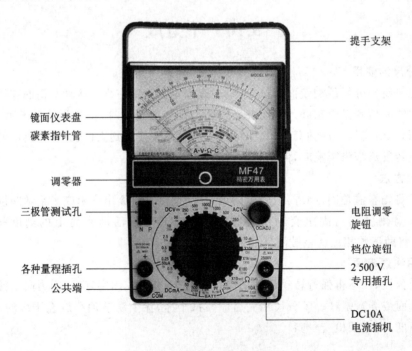

图 3－11　指针式万用表外形图

表头一般采用灵敏度、准确度都很高的磁电式直流微安表,其指针满偏电流一般为 10～220 mA,表头本身的准确度一般为 0.5 级,构成万用表后准确度为 1.0～5.0 级。

电压灵敏度(简称灵敏度)一般标注在万用表的表盘上,通常为 10 kΩ 或 20 kΩ,是指测量电压时万用表等效内阻与满量程电压之比。此数值越高,结果越准确。

指针式万用表常见表盘如图 3-12 所示。

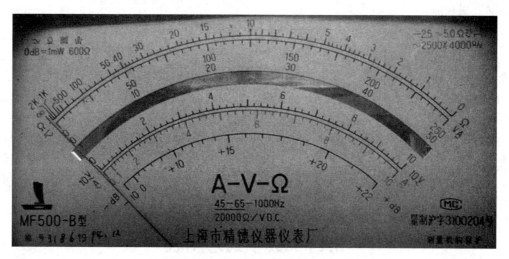

图 3-12　指针式万用表盘

2. 一般使用注意事项

(1) 使用前,应将表头指针通过机械调零。

(2) 测量前,应根据被测量电量的类型和大小,将转换开关拨到合适的位置。

(3) 测量完毕,应将转换开关拨到最高交流电压挡,有的万用表(如 500 型)应将转换开关拨到标有"."的空挡位置。

(4) 长期没有使用应将表内电池取出。

(5) 严禁在测量中拨动准换开关选择量程。

3. 交流电压的测量

测量前,应将转换开关拨到对应的交流电压量程挡。如果事先不知道被测量电压大小,量程宜放在最大挡,以免损坏表头。

测量时,将表笔并联在被测量电路或被测量元器件两端;要养成单手操作习惯,并注意力要高度集中。

由于表盘上交流电压刻度是按正弦交流电标定的,如果被测电量不是正弦量,误差会较大。读数时选择正确的刻度线读取刻度数。从刻度数读取的数值与实测数值是两个概念,两者有时相同,有时不相同。当两者不相同时,其实测数值计算如下:

$$实测数值＝读取的刻度数×(所选量程/满刻度数)$$

4. 直流电压与直流电流的测量注意事项

测电压时万用表与被测电路并联;测电流时万用表须串入被测电路,不能并联。

测量时,必须注意电笔的正负极性。红表笔接被测电路的高电位端,黑表笔接低电位端。若表笔接反了,表头指针会反打,容易打弯指针。如果不知道被测点电位高低,可将表笔轻轻地试触一下被测点。若指针反偏,说明表笔极性反了,交换表笔即可。

当测量高电压时,应将表笔插入标有高电压数值的插孔内,量程开关应置于相应的位置。

读数方式同交流电压的测量相同。

5. 电阻的测量

电阻的刻度线是非线性的,即刻度线是不均匀的,并与其他刻度线相反,见图 3 - 11 中最上面的一条刻度线。

严禁在被测电路带电的情况下测量电阻。

测量前要正确选择电阻倍率挡,使指针尽可能接近标度尺的几何中心,可提高测量数据的准确性。每次测量之前,以及改变电阻率挡后,都要进行电阻调零:将红、黑表笔短路,然后调整"电阻调零旋钮"使指针到右边"0 Ω"位置。如果无法调零,说明表内电池电压不足,应更换新电池。

测量时,直接将表笔跨接在被测电阻或电路的两端,应注意不能用手同时触及电阻两端,以避免人体电阻对读数的影响,测量热敏电阻时,应注意电流热效应会改变热敏电阻的阻值。

读取测量数值的方法是:指针在一刻度线的读数乘以所采用量程挡位的倍率,就是被测电阻的电阻值。

3.14　数字式万用表

数字式万用表的面板结构如图 3 - 13 所示。

1. 数字式万用表的特点

(1) 读数清晰、准确度高、分辨率高。

(2) 自动化程度高,具有完善的保护电路,输入阻抗高。

(3) 测量参数多,测量速度快,使用方便。

2. 直流电压、交流电压的测量

将黑表笔插入 COM 插孔,红表笔插入 V/Ω 插孔,将功能开关置于 DCV(直流)或 ACV(交流)量程,并将测试表笔连接到被测电源两端,显示器将显示被测电压值。

使用电压挡应注意以下几点:

(1) 选择合适的量程,当无法估计被测电压的大小时,应先选最高量程进行测试。测量电压时不要超过所标示的最高值。

(2) 测量较高的电压时,不论是直流还是交流,都禁止接在电路中时拨动量程开关。当测量较高的电压时,不要用手直接去碰触表笔的金属部分。

(3) 数字式万用表虽有自动转换极性的功能,为避免测量误差的出现,在测量直流电压时,应使表笔的极性与被测电压的极性相对应,在测量交流电压时,最好把黑表笔接到被测电压的低电压端。被测信号的电压频率最好在规定的范围内,以保证测试的准确度。

(4) 测量电压时,若万用表的显示屏显示溢出符号"1",则说明已超载。当万用表的显示屏显示"000"或有数字跳跃现象时,应及时更换挡位。在万用表的低电压位上会出现无规律变化的数字跳跃现象,此为正常现象。

3. 直流电流、交流电流的测量

黑表笔插入 COM 插孔,红表笔需视被测电流的大小而定,插孔附近均有说明,一般如果被测电流预计在 200 mA 以内,应将红表笔插入 mA 孔中,如果被测电流较大而预计在 20 A 以内,被插入 20 A 孔中。将功能开关置于 DCV 或 ACA 量程。将测试笔串联接入被测电路,

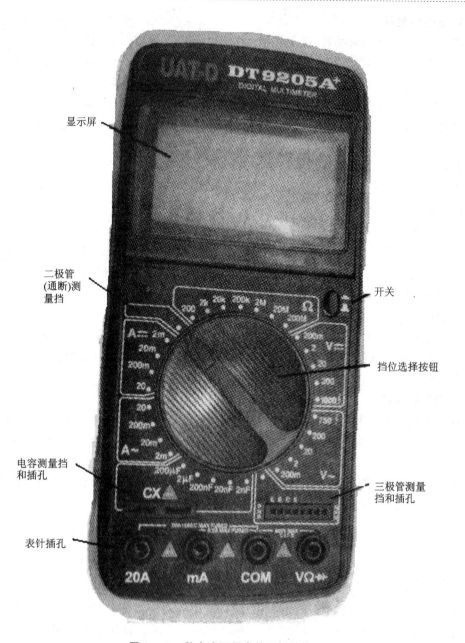

显示屏

二极管
(通断)测
量挡

开关

挡位选择按钮

电容测量挡
和插孔

三极管测量
挡和插孔

表针插孔

20A   mA   COM   VΩ

图 3 - 13   数字式万用表的面板结构

显示器即显示被测电流值。

使用电流挡应注意以下几个问题:

(1) 表笔的极性可以不考虑。

(2) 如果被测电流大于 200 mA,则应将红表笔插入 20 A 插孔。

(3) 如果显示屏显示溢出符号"1",则表示被测电流已大于所选量程,这时应更换为更大
的量程。

(4) 在连续测量时,不能拨动量程转换开关。

4. 电阻的测量

将黑表笔插入 COM 插孔,红表笔插入 V/Ω 插孔(注意:红表笔此时极性为"＋",与指针式万用表相反),将功能开关置于 Ω 量程。对表进行使用前的检查:将两表笔短接,显示屏应显示 0.00 Ω;将两表笔开路,显示屏应显示溢出符号"1"。以上两个显示都正常时,表面该表可以正常使用,否则将不能使用。将两表笔跨接到被测电阻上,显示器将显示出被测电阻值。

在测试时,若显示屏显示溢出符号"1",则表明量程选得不合适,应更换更大的量程进行测量。

在测试中,若显示"000",则表明被测电阻已经短路。若显示"1"(量程选择合适的情况下),则表明被测电阻阻值为∞。

5. 二极管的测试

将黑表笔插入 COM 插孔,红表笔插入 V/Ω 插孔,将功能开关置于二极管挡。将两表笔连接到被测二极管两端,显示器将显示二极管正向压降的 mV 值。当二极管反向时则过载。根据万用表的显示,可检查二极管的质量及鉴别所测量的管子是硅管还是锗管。正常情况下硅管的正向压降为 0.5~0.7 V,锗二极管的正向压降为 0.15~0.3 V。

6. 通断测试

将黑表笔插入 COM 插孔,红表笔插入 V/Ω 插孔;然后将功能开关置于通断测试挡(与二极管测试量程相同),将测试表笔连接到被测导体两端,如果表笔之间的阻值低于约 30Ω,则蜂鸣器会发出声音。

7. 电容的测量

将黑表笔插入 COM 插孔,红表笔插入 V/Ω 插孔,将功能开关置于 CAP 量程范围内,这时万用表屏幕会缓缓地自动回零,然后将被测电容两引脚短路以充分放电,而后连接到电容测量输入端插口。

注意:不要将一个有外部电压或已充好电的电容器(特别是大电容)连接到电容测量输入端,以免击穿仪器电路。

3.15　兆欧表

兆欧表(通称摇表)是一种用于测量电机、电气设备、供电线路绝缘电阻的指示仪表。

电气设备绝缘性能的好坏直接关系到设备的正常运行及操作人员的人身安全,因此必须定期进行检查。由于这些设备使用的电压都比较高。要求的绝缘电阻数值又比较大,当用欧姆表或万用表测量时,由于这些仪表内的电源电压很低,且高电阻时仪表刻度不准确,所以测量结果往往与实际相差很大,因此在工程上不允许用欧姆表、万用表等来测量绝缘电阻,必须采用专门的仪表——兆欧表,如图 3-14(a)所示。

常见的兆欧表由能产生较高电压的手摇发电机 G(通常分为 500 V、1 000 V、2 500 V 三种)、磁电系比率表(由线圈 A、B 及永久磁铁等组成)和测量电路三部分组成,如图 3-14(b)所示。常用的兆欧表有 ZG-7 系列、ZC-11 系列等。兆欧表的额定电压有 500 V、1 000 V、2 500 V 等几种,测量的范围有 500 MΩ、1 000 MΩ、2 000 MΩ 等几种。

使用兆欧表进行绝缘电阻测量时应注意以下几点:

(1) 选用的兆欧表额定电压要与被测电气设备或线路的工作电压相对应。通常遇到的都是线电压为 380 V 的设备,因此可选用 500 V 的兆欧表。

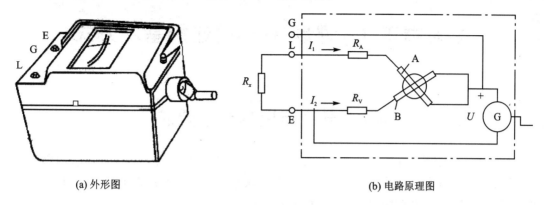

(a) 外形图　　　　　　　　　　　　　　　(b) 电路原理图

图 3 - 14　兆欧表

　　(2) 兆欧表接线柱有三个:线(L)、地(E)、屏(G)。在测量时,将接线柱"L"与被测绝缘电阻部分相连接。一般测量时只用 L 和 E 两个接线柱,G 接线柱只在被测物表面漏电严重时才使用,如图 3 - 15 所示。

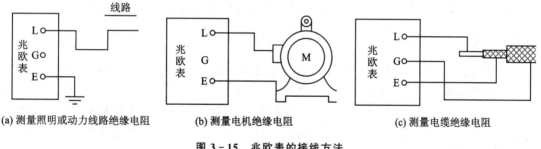

(a) 测量照明或动力线路绝缘电阻　　　(b) 测量电机绝缘电阻　　　(c) 测量电缆绝缘电阻

图 3 - 15　兆欧表的接线方法

　　(3) 兆欧表在使用前应先作如下检查:先让 L、E 开路,摇动兆欧表手柄,使手柄发电机的转速达到额定转速,此时指南针应逐步指向∞;然后让 L、E 两接线柱短接,此时指南针应迅速指向 0,否则兆欧表应进行调整或修理。

　　(4) 用兆欧表测量绝缘电阻时,必须在确认被测物体没有通电的情况下进行。对接有大电容的设备,应先进行放电(用带绝缘的导体将被测物与外壳或地进行短接),然后再进行绝缘电阻测量;测量完毕后,先对被测物体进行放电,然后再停止手柄的摇动。

　　(5) 测量时应匀速摇动兆欧表手柄,使转速达到 120 r/min 左右,持续 1 min 以后读数。在测量过程中切莫用手去触及兆欧表的 L、E 两端,以免造成触电危险。

学习情境 4　课题 4：导线连接基本方式

4.1　导线连接的基本要求

导线连接是电工作业的一项基本工序，也是一项十分重要的工序。导线连接的质量直接关系到整个线路能否安全可靠地长期运行。对导线连接的基本要求是：连接牢固可靠，接头电阻小，机械强度高，耐腐蚀耐氧化，电气绝缘性能好。

4.2　常用连接方法

需连接的导线种类和连接形式不同，其连接的方法也不同。常用的连接方法有绞合连接、紧压连接、焊接等。连接前应小心地剥除导线连接部位的绝缘层，注意不可损伤其芯线。

4.2.1　绞合连接

绞合连接是指将需连接导线的芯线直接紧密绞合在一起。铜导线常用绞合连接。

1. 单股铜导线的直接连接

小截面单股铜导线连接方法如图 4-1 所示，先将两导线的芯线线头作 X 形交叉，再将它们相互缠绕 2～3 圈后扳直两线头，然后将每个线头在另一芯线上紧贴密绕 5～6 圈后剪去多余线头即可。

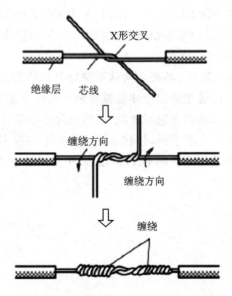

图 4-1　小截面单股铜导线连接方法

大截面单股铜导线连接方法如图 4－2 所示,先在两导线的芯线重叠处填入一根相同直径的芯线,再用一根截面约 1.5 mm² 的裸铜线在其上紧密缠绕,缠绕长度为导线直径的 10 倍左右,然后将被连接导线的芯线线头分别折回,再将两端的缠绕裸铜线继续缠绕 5～6 圈后,剪去多余线头即可。

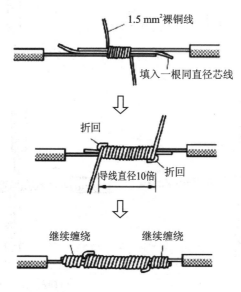

图 4－2　大截面单股铜导线连接方法

不同截面单股铜导线连接方法如图 4－3 所示,先将细导线的芯线在粗导线的芯线上紧密缠绕 5～6 圈,然后将粗导线芯线的线头折回紧压在缠绕层上,再用细导线芯线在其上继续缠绕 3～4 圈后剪去多余线头即可。

图 4－3　不同截面单股铜导线连接方法

2. 单股铜导线的分支连接

单股铜导线的 T 字分支连接如图 4－4 所示,将支路芯线的线头紧密缠绕在干路芯线上 5～8 圈后剪去多余线头即可。对于较小截面的芯线,可先将支路芯线的线头在干路芯线上打一个环绕结,再紧密缠绕 5～8 圈后剪去多余线头即可。

单股铜导线的十字分支连接如图 4－5 所示,将上、下支路芯线的线头紧密缠绕在干路芯线上 5～8 圈后剪去多余线头即可。可以将上、下支路芯线的线头向一个方向缠绕(见图 4－5(a)),也可以向左、右两个方向缠绕(见图 4－5(b))。

3. 多股铜导线的直接连接

多股铜导线的直接连接如图 4－6 所示,首先将剥除绝缘层的多股芯线拉直,将其靠近绝

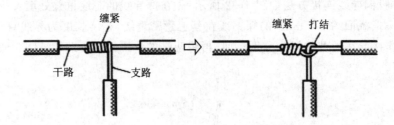

图 4-4 单股铜导线的 T 字分支连接

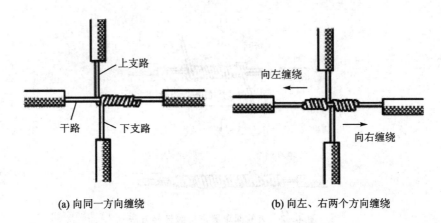

(a) 向同一方向缠绕　　　　　　(b) 向左、右两个方向缠绕

图 4-5 单股铜导线的十字分支连接

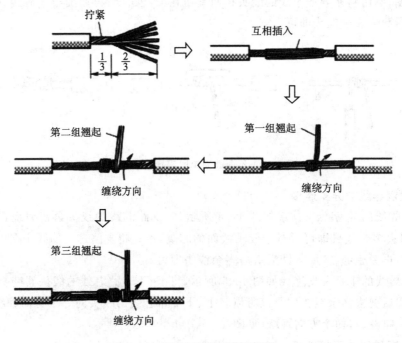

图 4-6 多股铜导线的直接连接

缘层的约 1/3 芯线绞合拧紧,而将其余 2/3 芯线成伞状散开,另一根需连接的导线芯线也如此处理。接着将两伞状芯线相对着互相插入后捏平芯线,然后将每一边的芯线线头分作 3 组,先将某一边的第 1 组线头翘起并紧密缠绕在芯线上,再将第 2 组线头翘起并紧密缠绕在芯线上,最后将第 3 组线头翘起并紧密缠绕在芯线上。以同样方法缠绕另一边的线头。

4. 多股铜导线的分支连接

多股铜导线的 T 字分支连接有两种方法,一种方法如图 4-7 所示,将支路芯线 90°折弯后与干路芯线并行,然后将线头折回并紧密缠绕在芯线上即可。

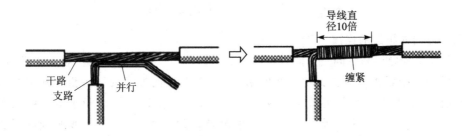

图 4-7 多股铜导线的分支连接(一)

另一种方法如图 4-8 所示,将支路芯线靠近绝缘层的约 1/8 芯线绞合拧紧,其余 7/8 芯线分为两组,一组插入干路芯线当中,另一组放在干路芯线前面,并朝右边按图 4-8 中所示方向缠绕 4~5 圈。再将插入干路芯线当中的那一组朝左边按图 4-8 中所示方向缠绕 4~5 圈即可。

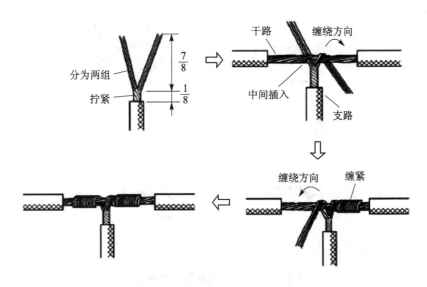

图 4-8 多股铜导线的分支连接(二)

5. 单股铜导线与多股铜导线的连接

单股铜导线与多股铜导线的连接方法如图 4-9 所示,先将多股导线的芯线绞合拧紧成单股状,再将其紧密缠绕在单股导线的芯线上 5~8 圈,最后将单股芯线线头折回并压紧在缠绕部位即可。

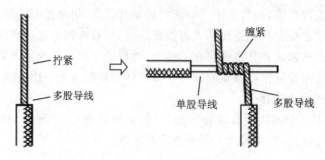

图 4 - 9　单股铜导线与多股铜导线的连接

6. 同一方向的导线的连接

当需要连接的导线来自同一方向时,可以采用图 4 - 10 所示的方法。对于单股导线,可将一根导线的芯线紧密缠绕在其他导线的芯线上,再将其他芯线的线头折回压紧即可。对于多股导线,可将两根导线的芯线互相交叉,然后绞合拧紧即可。对于单股导线与多股导线的连接,可将多股导线的芯线紧密缠绕在单股导线的芯线上,再将单股芯线的线头折回压紧即可。

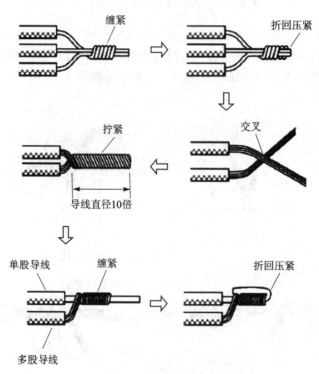

图 4 - 10　同一方向的导线的连接

7. 双芯或多芯电线电缆的连接

双芯护套线、三芯护套线或电缆、多芯电缆在连接时,应注意尽可能将各芯线的连接点互相错开位置,可以更好地防止线间漏电或短路。图 4 - 11(a)所示为双芯护套线的连接情况,图 4 - 11(b)所示为三芯护套线的连接情况,图 4 - 11(c)所示为四芯电力电缆的连接情况。

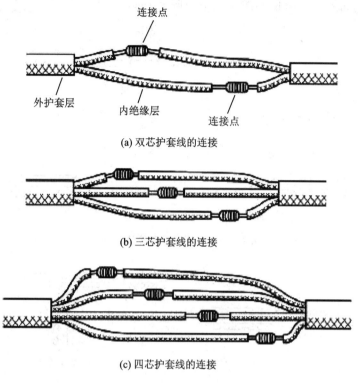

(a) 双芯护套线的连接

(b) 三芯护套线的连接

(c) 四芯护套线的连接

图 4-11　双芯或多芯电线电缆的连接

铝导线虽然也可采用绞合连接,但铝芯线的表面极易氧化,日久将造成线路故障,因此铝导线通常采用紧压连接。

4.2.2　紧压连接

紧压连接是指用铜或铝套管套在被连接的芯线上,再用压接钳或压接模具压紧套管使芯线保持连接。铜导线(一般是较粗的铜导线)和铝导线都可以采用紧压连接,铜导线的连接应采用铜套管,铝导线的连接应采用铝套管。紧压连接前应先清除导线芯线表面和压接套管内壁上的氧化层和粘污物,以确保接触良好。

1. 铜导线或铝导线的紧压连接

压接套管截面有圆形和椭圆形两种,椭圆形套管如图 4-12 所示。圆截面套管内可以穿入一根导线,椭圆截面套管内可以并排穿入两根导线。

圆截面套管使用时,将需要连接的两根导线的芯线分别从左、右两端插入套管相等长度,以保持两根芯线的线头的连接点位于套管内的中间,然后用压接钳或压接模具压紧套管,一般情况下只要在每端压一个坑即可满足接触电阻的要求。在对机械强度有要求的场合,可在每端压两个坑,如图 4-13 所示。对于较粗的导线或机械强度要求较高的场合,可适当增加压坑的数目。

椭圆截面套管的连接方法如图 4-14 所示:首先需要连接的两根导线的芯线分别从左、右两端相对插入并穿出套管少许,然后压紧套管即可。椭圆截面套管不仅可用于导线的直线压接,而且可用于同一方向导线的压接,如图 4-15(a)所示;还可用于导线的 T 字分支压接或十字分支压接,分别如图 4 - 15(b)和图 4 - 15(c)所示。

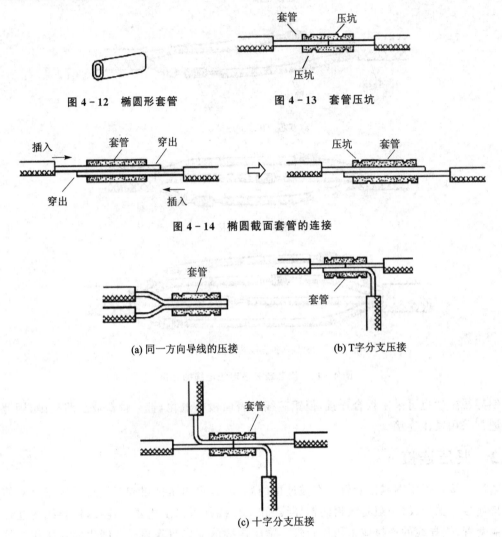

图 4 - 12 椭圆形套管　　图 4 - 13 套管压坑

图 4 - 14 椭圆截面套管的连接

(a) 同一方向导线的压接　　(b) T字分支压接

(c) 十字分支压接

图 4 - 15 椭圆截面套管的不同使用方法

2. 铜导线与铝导线之间的紧压连接

当需要将铜导线与铝导线进行连接时,必须采取防止电化腐蚀的措施。因为铜和铝的标准电极电位不一样,如果将铜导线与铝导线直接绞接或压接,在其接触面将发生电化腐蚀,引起接触电阻增大而过热,造成线路故障。常用的防止电化腐蚀的连接方法有两种。

一种方法是采用铜铝连接套管。铜铝连接套管的一端是铜质,另一端是铝质。使用时将铜导线的芯线插入套管的铜端,将铝导线的芯线插入套管的铝端,然后压紧套管即可,如图 4 - 16 所示。

另一种方法是将铜导线镀锡后采用铝套管连接。由于锡与铝的标准电极电位相差较小,在铜与铝之间夹垫一层锡也可以防止电化腐蚀。具体做法是先在铜导线的芯线上镀上一层锡,再将镀锡铜芯线插入铝套管的一端,铝导线的芯线插入该套管的另一端,最后压紧套管即可,如图 4 - 17 所示。

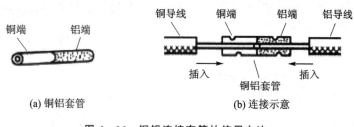

图 4 - 16　铜铝连接套管的使用方法

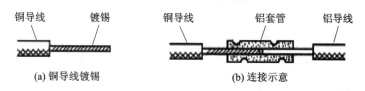

图 4 - 17　铜导线镀锡后采用铝套管连接方法

4.2.3　焊　接

焊接是指将金属(焊锡等焊料或导线本身)熔化融合而使导线连接。电工技术中导线连接的焊接种类有锡焊、电阻焊、电弧焊、气焊、钎焊等。

1. 铜导线接头的锡焊

较细的铜导线接头可用大功率(例如 150 W)电烙铁进行焊接。焊接前应先清除铜芯线接头部位的氧化层和黏污物。为增加连接可靠性和机械强度,可将待连接的两根芯线先行绞合,再涂上无酸助焊剂,用电烙铁蘸焊锡进行焊接即可,如图 4 - 18 所示。焊接中应使焊锡充分熔融渗入导线接头缝隙中,焊接完成的接点应牢固光滑。

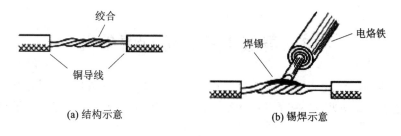

图 4 - 18　铜导线接头的锡焊

较粗(一般指截面面积 16 mm² 以上)的铜导线接头可用浇焊法连接。浇焊前同样应先清除铜芯线接头部位的氧化层和黏污物,涂上无酸助焊剂,并将线头绞合。将焊锡放在化锡锅内加热熔化,当熔化的焊锡表面呈磷黄色时,说明锡液已达符合要求的高温,即可进行浇焊。浇焊时将导线接头置于化锡锅上方,用耐高温勺子盛上锡液从导线接头上面浇下,如图 4 - 19 所示。刚开始浇焊时因导线接头温度较低,锡液在接头部位不会很好渗入,应反复浇焊,直至完全焊牢为止。浇焊的接头表面也应光洁平滑。

2. 铝导线接头的焊接

铝导线接头的焊接一般采用电阻焊或气焊。电阻焊是指用低电压大电流通过铝导线的连接处,利用其接触电阻产生的高温高热将导线的铝芯线熔接在一起。电阻焊应使用特殊的降压变压器($1\ kV \cdot A$、初级 $220\ V$、次级 $6 \sim 12\ V$),配以专用焊钳和碳棒电极,如图 4-20 所示。

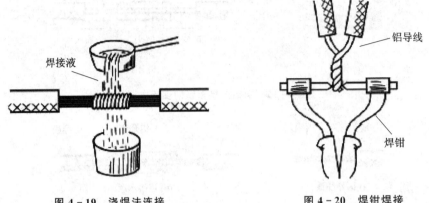

图 4-19　浇焊法连接　　　　　　　图 4-20　焊钳焊接

气焊是指利用气焊枪的高温火焰,将铝芯线的连接点加热,使待连接的铝芯线相互熔融连接。气焊前应将待连接的铝芯线绞合,或用铝丝或铁丝绑扎固定,如图 4-21 所示。

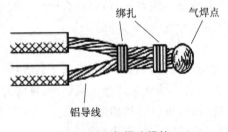

图 4-21　气焊法焊接

4.3　导线连接处的绝缘处理

为了进行连接,导线连接处的绝缘层已被去除。导线连接完成后,必须对所有绝缘层已被去除的部位进行绝缘处理,以恢复导线的绝缘性能,恢复后的绝缘强度应不低于导线原有的绝缘强度。

导线连接处的绝缘处理通常采用绝缘胶带进行缠裹包扎。一般电工常用的绝缘带有黄蜡带、涤纶薄膜带、黑胶布带、塑料胶带、橡胶胶带等。绝缘胶带常用宽度为 20 mm 的,使用较为方便。

1. 一般导线接头的绝缘处理

一字形连接的导线接头可按图 4-22 所示进行绝缘处理,先包缠一层黄蜡带,再包缠一层黑胶布带。将黄蜡带从接头左边绝缘完好的绝缘层上开始包缠,包缠两圈后进入剥除了绝缘层的芯线部分(见图 4-22(a))。包缠时黄蜡带应与导线成 55°左右倾斜角,每圈压叠带宽的 1/2(见图 4-22(b)),直至包缠到接头右边两圈距离的完好绝缘层处。然后将黑胶布带接在黄蜡带的尾端,按另一斜叠方向从右向左包缠(见图 4-22(c)、图 4-22(d)),仍每圈压叠带宽的 1/2,直至将黄蜡带完全包缠住。包缠处理中应用力拉紧胶带,注意不可稀疏,更不能露出芯线，以确保绝缘质量和用电安全。对于 220 V 线路，也可不用黄蜡带，只用黑胶布带或塑料胶带包缠两层。在潮湿场所应使用聚氯乙烯绝缘胶带或涤纶绝缘胶带。

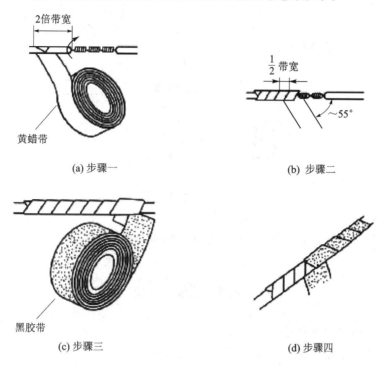

(a) 步骤一   (b) 步骤二

(c) 步骤三   (d) 步骤四

图 4 - 22   一字形连导线接头的绝缘处理

2. T 字分支接头的绝缘处理

导线分支接头的绝缘处理基本方法同上，T 字分支接头的包缠方向如图 4 - 23 所示，走一个 T 字形的来回，使每根导线上都包缠两层绝缘胶带，每根导线都应包缠到完好绝缘层的两倍胶带宽度处。

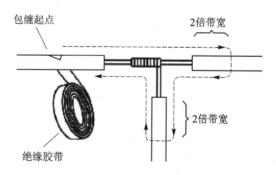

图 4 - 23   T 字分支接头的绝缘处理

3. 十字分支接头的绝缘处理

对导线的十字分支接头进行绝缘处理时，包缠方向如图 4 - 24 所示，走一个十字形的来回，使每根导线上都包缠两层绝缘胶带，每根导线也都应包缠到完好绝缘层的两倍胶带宽度处。

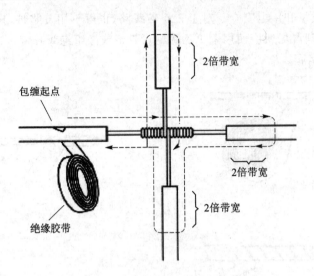

图 4-24　十字分支接头的绝缘处理

4.4　练　习

1. 练习单股铝芯导线直接连接。
2. 练习单股铝芯导线 T 字连接,含受力接法和不受力接法。
3. 练习导线绝缘恢复。

第二篇
实训部分

学习情境5　实训1:三相异步电动机接触器点动控制

5.1　概　述

在工农业生产中,经常采用继电、接触控制系统对小功率异步电机进行点动控制,其控制线路大部分由继电器、接触器、按钮等有触点电器组成。

图5-1所示为三相异步电动机基本点动控制线路图(电机为Y形接法)。该电路为电力拖动电路的基本电路。

启动时,闭合组合开关QS,引入三相电源。当按下启动按钮SB时,交流接触器KM的线圈通电,KM主触点闭合,电动机接通电源启动。当抬手松开按钮SB时,接触器KM断电释放,KM主触点断开,电动机电源被切断而停止运转。

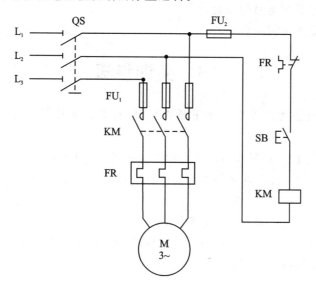

图5-1　三相异步电动机点动控制线路图

5.2　实训目的

1. 熟悉三相异步电动机点动控制线路中各元器件的使用方法及其在线路中所起的作用。
2. 掌握三相异步电动机点动控制电路的工作原理、接线方法、调试及故障排除技能。

5.3　实训设备

实训设备清单如表5-1所列。

表 5-1　实训设备清单

序　号	名　称	数　量	备　注
1	电工安装板	1个	
2	三相异步交流电动机	1台	
3	实训元件	1套	组合开关、熔断器、接触器、热继电器、按钮开关、接线端子
4	实训工具	1套	万用表、剥线钳、螺丝刀、尖嘴钳等
5	导线	若干	

5.4　实训内容

三相异步电动机点动控制电路的安装。

1. 点动控制电路主电路的安装。
2. 点动控制电路控制电路的安装。
3. 点动控制电路通电试车。

5.5　实训步骤

1. 检查各实验设备元件外观及质量是否良好,检查各触点是否接触灵活、通断性是否完好。

2. 按图 5-1 所示的三相异步电动机点动控制线路进行正确的接线。先接主回路,再接控制回路。自己检查无误并经指导老师检查确认可后方可合闸通电实验。

(1) 将热继电器值调到 0.9 A。

(2) 合上组合开关 QS,引入三相电源。

(3) 当按下启动按钮 SB 时,观察电机工作情况,观察点动操作。

(4) 断开组合开关 QS,切断主电源。

5.6　注意事项

1. 安装过程中正确使用各种工具、仪表,谨防出现意外伤害。
2. 安装过程中相序一致。
3. 安装工艺必须一致。
4. 遵守安全操作规程。

5.7　练习评分

评分标准如表 5-2 所列。

表 5 – 2 评分记录表

序　号	项　目	配　分	检测标准	检测结果	得　分
1	元件布局安装合理	20	布局不合理酌情扣分		
2	元件紧固	15	元件安装不牢固、导线松动每处扣 3 分		
3	线路整洁美观	20	导线裸露太长或横跨每处扣 2 分		
4	试车一次成功	35	一次失败扣分 10 分		
			二次失败扣分 20 分		
			三次失败扣分 35 分		
5	安全生产	10	违章操作不得分		

5.8 思考题

实训线路中有哪些保护功能?这些保护功能通过哪些元件实现?其工作原理是什么?

学习情境 6 实训 2:三相异步电动机单向启动连续运行控制

6.1 概 述

实际生产生活中,电动机需要长时间单向连续运行,其控制线路大部分由继电器、接触器、按钮等有触点电器组成。

图 6-1 所示为三相异步电动机单向启动连续运行控制线路图。该电路为电力拖动电路的基本电路。

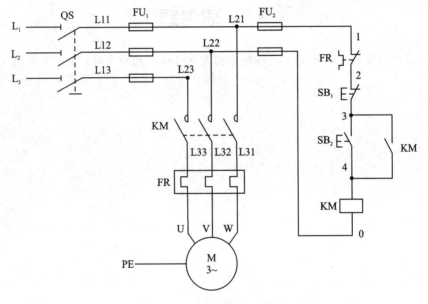

图 6-1 三相异步电动机单向启动连续运行控制线路图

启动时,闭合组合开关 QS,引入三相电源。按下启动按钮 SB_2 时,交流接触器 KM 的线圈通电,KM 主触点闭合,电动机接通电源启动,KM 辅助常开触点闭合形成自锁,电动机连续运行。当按下停止按钮 SB_1 时,接触器 KM 断电释放,KM 主触点断开,电动机电源被切断而停止运转,KM 辅助常开触点断开解除自锁。

6.2 实训目的

1.熟悉三相异步电动机单向启动连续运行控制线路中各元器件的使用方法及其在线路中所起的作用。

2.掌握三相异步电动机单向启动连续运行控制电路的工作原理、接线方法、调试及故障排除技能。

6.3　实训设备

实训设备清单如表 6-1 所列。

表 6-1　实训设备清单

序　号	名　称	数　量	备　注
1	电工安装板	1个	
2	三相异步交流电动机	1台	
3	实训元件	1套	组合开关、熔断器、接触器、热继电器、按钮开关、接线端子
4	实训工具	1套	万用表、剥线钳、螺丝刀、尖嘴钳等
5	导线	若干	

6.4　实训内容

三相异步电动机单向启动连续运行控制电路的安装。

1. 主电路安装。

2. 控制电路安装。

3. 通电试车。

6.5　实训步骤

1. 检查各实验设备元件外观及质量是否良好,检查各触点是否接触灵活、通断性是否完好。

2. 按图 6-1 所示线路图进行正确的接线。先接主回路,再接控制回路。自己检查无误并经指导老师检查确认可后方可合闸通电实验。

(1) 将热继电器值调到 0.9 A。

(2) 合上组合开关 QS,引入三相电源。

(3) 按下启动按钮 SB_2 时,观察电机工作情况,是否能够连续运行;按下停止按钮 SB_1 时,观察电机动作,是否停转。

(4) 断开空气开关 QS,切断主电源。

6.6　注意事项

1. 安装过程中正确使用各种工具、仪表,谨防出现意外伤害。

2. 安装过程中相序一致。

3. 安装工艺必须一致。

4. 遵守安全操作规程。

6.7　练习评分

评分标准如表 6-2 所列。

表 6-2　评分记录表

序　号	项　目	配　分	检测标准	检测结果	得　分
1	元件布局安装合理	20	布局不合理酌情扣分		
2	元件紧固	15	元件安装不牢固、导线松动每处扣3分		
3	线路整洁美观	20	导线裸露太长或横跨每处扣2分		
4	试车一次成功	35	一次失败扣10分		
			二次失败扣20分		
			三次失败扣35分		
5	安全生产	10	违章操作不得分		

6.8　思考题

自锁功能是怎么实现的？如果辅助常开接成常闭,会有什么现象发生?

学习情境7 实训3：三相异步电动机接触器联锁正反转控制

7.1 概　述

实际生产生活中,电动机有时需要正转或反转运行,以实现运动部件前进或后退,或者动力头正转、反转运行,其控制线路大部分由继电器、接触器、按钮等有触点电器组成。

电动机反转运行控制通过改变任意两相相序来实现,所以应用两个交流接触器改变相序进而控制电动机的正转反转功能。常见控制方式可分为"正停反"和"正反停"两种方式,前者也被称为接触器联锁正反转控制,后者也被称为双重联锁正反转控制。

图7-1所示为三相异步电动机接触器联锁正反转控制电路图。该电路为电力拖动电路的基本电路。

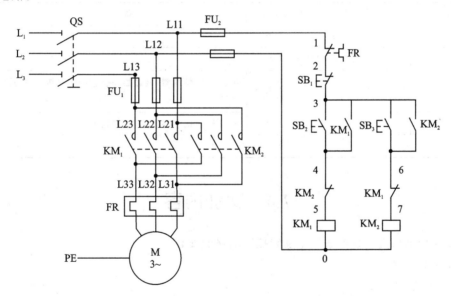

图7-1　三相异步电动机接触器联锁正反转控制电路图

1. 正　转

闭合组合开关 QS,引入三相电源。按下正转按钮 SB_2 时,交流接触器 KM_1 的线圈通电,KM_1 主触点闭合,电动机接通电源启动,KM_1 辅助常开触点闭合形成自锁,电动机正转连续运行;KM_1 辅助常闭触点断开,形成互锁。当按下停止按钮 SB_1 时,接触器 KM_1 断电释放,KM_1 主触点断开,电动机电源被切断而停止运转,KM_1 辅助常开触点断开解除自锁;KM_1 辅助常闭触点闭合,解除互锁。

2. 反　转

按下启动按钮 SB_3 时,交流接触器 KM_2 的线圈通电,KM_2 主触点闭合,电动机接通电源启动,KM$_2$辅助常开触点闭合形成自锁,电动机反转连续运行;KM$_2$辅助常闭触点断开,形成互锁。当按下停止按钮 SB$_1$ 时,接触器 KM$_2$ 断电释放,KM$_2$ 主触点断开,电动机电源被切断而停止运转,KM$_2$辅助常开触点断开解除自锁;KM$_2$辅助常闭触点闭合,解除互锁。

7.2　实训目的

1.熟悉三相异步电动机接触器联锁正反转控制电路中各元器件的使用方法及其在线路中所起的作用。

2.掌握三相异步电动机接触器联锁正反转控制电路的工作原理、接线方法、调试及故障排除技能。

7.3　实训设备

实训设备清单如表 7-1 所列。

表 7-1　实训设备清单

序　号	名　　称	数　量	备　　注
1	电工安装板	1个	
2	三相异步交流电动机	1台	
3	实训元件	1套	组合开关、熔断器、接触器、热继电器、按钮开关、接线端子
4	实训工具	1套	万用表、剥线钳、螺丝刀、尖嘴钳等
5	导线	若干	

7.4　实训内容

三相异步电动机接触器联锁正反转控制电路的安装。

1.主电路安装。

2.控制电路安装。

3.电路通电试车。

7.5　实训步骤

1.检查各实验设备元件外观及质量是否良好,检查各触点是否接触灵活、通断性是否完好。

2.按图 7-1 所示线路图进行正确的接线。先接主回路,再接控制回路。自己检查无误并经指导老师检查确认可后方可合闸通电实验。

(1)将热继电器值调到 0.9 A。

（2）合上组合开关 QS,引入三相电源。

（3）当按下启动按钮 SB$_2$ 时,观察电机工作情况,是否能够连续运行;当按下停止按钮 SB$_1$ 时,观察电机动作,是否停转。当按下启动按钮 SB$_3$ 时,观察电机工作情况,是否能够反转运行;当按下按钮 SB$_1$ 时,观察电机动作,是否停转。

（4）断开空气开关 QS,切断主电源。

7.6　注意事项

1. 安装过程中正确使用各种工具、仪表,谨防出现意外伤害。
2. 安装过程中相序一致。
3. 安装工艺必须一致。
4. 遵守安全操作规程。

7.7　练习评分

评分标准如表 7-2 所列。

表 7-2　评分记录表

序　号	项　目	配　分	检测标准	检测结果	得　分
1	元件布局安装合理	20	布局不合理酌情扣分		
2	元件紧固	15	元件安装不牢固、导线松动每处扣 3 分		
3	线路整洁美观	20	导线裸露太长或横跨每处扣 2 分		
4	试车一次成功	35	一次失败扣 10 分		
			二次失败扣 20 分		
			三次失败扣 35 分		
5	安全生产	10	违章操作不得分		

7.8　思考题

为什么电路中必须加入互锁?

学习情境8　实训4:三相异步电动机顺序启动控制

8.1　概　述

在部分双电动机控制电路中,有时需要两台电动机能顺序启动、逆序停止来实现一些特殊功能,如双级传送带的启动与停止,恒压水塔的控制等,其控制线路大部分由继电器、接触器、按钮等有触点电器组成。

双电动机的顺序启动逆序停止依靠的是接触器的触点进行自锁与互锁来实现。

图8-1所示为三相异步电动机顺序启动逆序停止控制电路图。该电路为电力拖动电路基本电路。

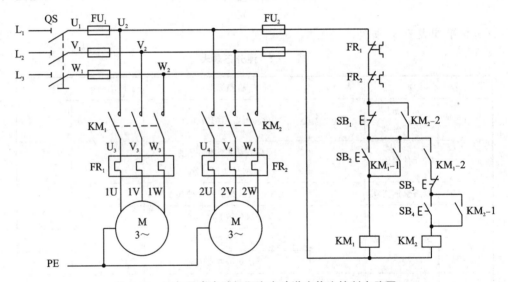

图8-1　三相异步电动机顺序启动逆序停止控制电路图

1. 顺序启动

电动机 M_1 启动:闭合组合开关 QS,引入三相电源。当按下 M_1 启动按钮 SB_2 时,交流接触器 KM_1 的线圈通电,KM_1 主触点闭合,电动机 M_1 接通电源启动,KM_1-1 辅助常开触点闭合形成自锁,KM_1-2 辅助常开触点闭合,使 M_2 电机控制线路可以得电,电动机 M_1 正转连续运行。当按下启动按钮 SB_4 时,交流接触器 KM_2 得电,主触点闭合,M_2 电机得电正转运行,KM_2-1 辅助常开触点闭合,形成自锁,KM_2-2 辅助常开触点同时闭合,形成对 M_1 电机控制电路的自锁,防止 M_2 电机未停而 M_1 电机停止。

2. 逆序停止

当按下 M_2 停止按钮 SB_3 时,交流接触器 KM_2 的线圈失电,KM_2 主触点断开,电动机 M_2 停止运行,KM_2-1 辅助常开触点断开解除自锁,KM_2-2 辅助常开触点断开,使 M_1 电机控制线路可以停止;当按下停止按钮 SB$_1$ 时,交流接触器 KM$_1$ 线圈失电,主触点断开,M$_1$ 电机失电停止运行,KM$_1$-1 辅助常开触点断开,解除自锁,KM$_2$-2 辅助常开触点断开,解除对 M$_2$ 电机控制电路的自锁,防止 M$_2$ 电机先于 M$_1$ 电机启动。

8.2　实训目的

1. 熟悉三相异步电动机顺序启动、逆序停止控制电路中各元器件的使用方法及其在线路中所起的作用。

2. 掌握三相异步电动机顺序启动、逆序停止控制电路的工作原理、接线方法、调试及故障排除技能。

8.3　实训设备

实训设备清单如表 8-1 所列。

表 8-1　实训设备清单

序　号	名　　称	数　量	备　注
1	电工安装板	1个	
2	三相异步交流电动机	2台	
3	实训元件	1套	组合开关、熔断器、接触器、热继电器、按钮开关、接线端子
4	实训工具	1套	万用表、剥线钳、螺丝刀、尖嘴钳等
5	导线	若干	

8.4　实训内容

三相异步电动机顺序启动逆序停止控制电路的安装。

1. 主电路的安装。
2. 控制电路的安装。
3. 通电试车。

8.5　实训步骤

1. 检查各实验设备元件外观及质量是否良好,检查各触点是否接触灵活、通断性是否完好。

2. 按图 8-1 所示线路图进行正确的接线。先接主回路,再接控制回路。自己检查无误并经指导老师检查确认可后方可合闸通电实验。

(1) 将热继电器值调到 0.9 A。

(2) 合上组合开关 QS,引入三相电源。

(3) 检查能否按照顺序启动、逆序停止要求正常运行。

(4) 断开空气开关 QS,切断主电源。

8.6　注意事项

1. 安装过程中正确使用各种工具、仪表,谨防出现意外伤害。

2. 安装过程中相序一致。

3. 安装工艺必须一致。

4. 遵守安全操作规程。

8.7　练习评分

评分标准如表 8-2 所列。

表 8-2　评分记录表

序　号	项　目	配　分	检测标准	检测结果	得　分
1	元件布局安装合理	20	布局不合理酌情扣分		
2	元件紧固	15	元件安装不牢固、导线松动每处扣 3 分		
3	线路整洁美观	20	导线裸露太长或横跨每处扣 2 分		
4	试车一次成功	35	一次失败扣 10 分		
			二次失败扣 20 分		
			三次失败扣 35 分		
5	安全生产	10	违章操作不得分		

8.8　思考题

在本电路中实现顺序启动的关键触点是哪一对? 实现逆序停止的关键触点是哪一对? 如何实现这一功能?

学习情境 9　实训 5:三相异步电动机 Y/△启动手动控制

9.1　实训目的

1. 了解三相异步电动机 Y/△启动手动控制电路的基本原理。
2. 熟悉三相异步电动机 Y/△启动手动控制电路的控制过程。
3. 掌握三相异步电动机 Y/△启动手动控制电路的接线技能。
4. 熟悉电气控制柜及采用线槽布线的布线工艺。
5. 熟悉各控制元器件的工作原理及构造。

9.2　实训内容

三相异步电动机 Y/△启动手动控制电路的安装。

三相异步电动机 Y/△启动手动控制电路原理图如图 9-1 所示。

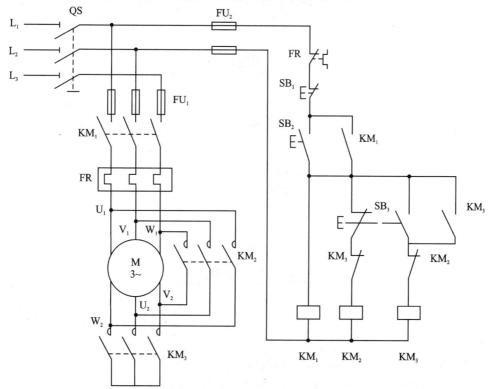

图 9-1　三相异步电动机 Y/△启动手动控制电路原理图

9.3　实训设备

实训设备清单如表 9-1 所列。

表 9-1　实训设备清单

序　号	名　称	数　量	备　注
1	电工安装板	1个	
2	三相异步交流电动机	1台	
3	实训元件	1套	组合开关、熔断器、接触器、热继电器、按钮开关、接线端子
4	实训工具	1套	万用表、剥线钳、螺丝刀、尖嘴钳等
5	导线	若干	

9.4　工作原理

当按下启动按钮 SB_2 时，KM_1 得电，其常开触点闭合，KM_2 得电，常闭触点断开，电动机绕组接成 Y 形接法降压启动。当转速达到或接近额定转速时，按下 SB_3 按钮，使 KM_2 失电释放，KM_3 得电吸合，电动机由 Y 形接法转换成△形接法。停止时按下 SB_1 按钮，电路停止工作。

9.5　注意事项

1. 接线时合理安排布线，保持走线美观，接线要求牢靠，整齐、清楚、安全可靠。

2. 操作时要胆大、心细、谨慎，不许用手触及各电气元件的导电部分及电动机的转动部分，以免触电及意外损伤。

3. 只有在断电的情况下，方可用万用电表 Ω 挡来检查线路的接线正确与否。

4. 要观察电器动作情况时，必须在断电的情况下小心地打开柜门面板，然后再接通电源进行操作和观察。

5. 在主线路接线时，一定要注意各相之间的连线不能混淆，否则会导致相间短路。

9.6　实训步骤

1. 参考图 9-1 完成动力主回路及二次控制回路的接线，经指导教师检查后，方可进行通电操作。

2. 合上小型断路器 QS_1，启动主回路和控制回路的电源。

3. 按下启动按钮 SB_2，观察并记录电动机的工作状态。

4. 按下启动按钮 SB_3，观察并记录电动机的工作状态。

5. 按下停止按钮 SB_1,观察并记录电动机的工作状态。

6. 实验完毕,按控制柜电源停止按钮,切断三相交流电源,拆除连线。

9.7　练习评分

评分标准如表 9-2 所列。

表 9-2　评分记录表

序　号	项　目	配分	检测标准	检测结果	得　分
1	元件布局安装合理	20	布局不合理酌情扣分		
2	元件紧固	15	元件安装不牢固、导线松动每处扣 3 分		
3	线路整洁美观	20	导线裸露太长或横跨每处扣 2 分		
4	试车一次成功	35	一次失败扣 10 分		
			二次失败扣 20 分		
			三次失败扣 35 分		
5	安全生产	10	违章操作不得分		

9.8　思考题

对于手动转换的 Y/△启动控制线路,如果电路出现 Y 形运转而没有△形运转控制,试分析接线时可能发生的故障。

学习情境 10 实训 6：三相异步电动机 Y-△启动自动控制

10.1 概 述

电动机正常运行时，定子绕组接成三角形；而电动机启动时，星形接法启动电流小，故采用 Y-△减压启动方法来限制启动电流。

启动时，定子绕组首先接成星形，待转速上升到接近额定转速时，将定子绕组的接线由星形接成三角形，电动机便进入全压正常运行状态。功率在 4 kW 以上的三相笼型异步电动机均为三角形接法，故都可以采用 Y-△启动方法。图 10-1 所示为 Y-△启动自动控制线路。

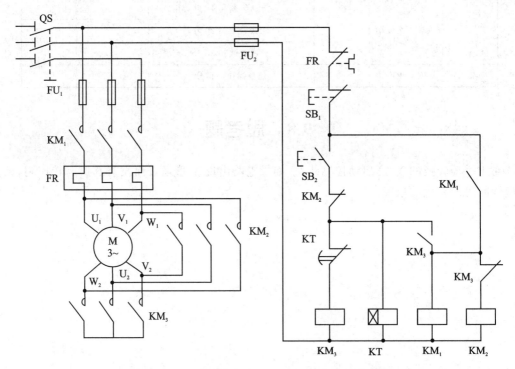

图 10-1 三相异步电动机 Y-△启动自动控制线路

启动时，合上漏电保护断路器 QF_1 和空气开关 QF_2，引入三相电源。按下启动按钮 SB_2，接触器 KM_1 线圈得电，主触点闭合，且线圈 KM_1 通过与开关 SB_2 并联的辅助常开触点 KM_1 形成自锁，同时接触器 KM_3 和时间继电器 KT 都通电且通过接触器 KM_2、KM_3 及其 KT_1 常闭触点形成互锁，接触器 KM_3 主触点闭合，电动机 Y 形启动。经过时间继电器设定的一段整定时间以后，时间继电器延时断开常闭触点 KT 断开，接触器 KM_3 断电释放，其辅助常闭触点 KM_3 闭合，同时时间继电器延时闭合常开触点 KT 闭合，接触器 KM_2 线圈得电，其主触点

KM$_2$ 闭合并自锁且与时间继电器线圈 KT 相连的辅助常闭触点 KM$_2$ 断开，接触器 KM$_3$ 和时间继电器 KT$_1$ 线圈断电释放，电动机转为△形运转。如需电动机停止运转，直接按一下按停止钮 SB$_1$ 即可。

10.2　实训目的

1. 了解时间继电器的结构，掌握其工作原理及使用方法。
2. 掌握 Y-△启动的工作原理。
3. 熟悉实验线路的故障分析及排除故障的方法。

10.3　实训设备

实训设备清单如表 10-1 所列。

表 10-1　实训设备清单

序　号	名　　称	数　量	备　　注
1	电工安装板	1个	
2	三相异步交流电动机	1台	
3	实训元件	1套	组合开关、熔断器、接触器、热继电器、按钮开关、接线端子、时间继电器
4	实训工具	1套	万用表、剥线钳、螺丝刀、尖嘴钳等
5	导线	若干	

10.4　实训内容

电动机 Y-△自动启动控制线路的安装。

10.5　实训步骤

1. 检查各实验设备外观及质量是否良好。

2. 按图 10-1 进行正确接线，先接主回路，再接控制回路。自己检查无误并经指导老师检查认可后方可合闸实验。

(1) 调节时间继电器的延时按钮，使延时时间为 3 s。

(2) 热继电器值调到 0.9 A。

(3) 合上漏电保护断路器 QF$_1$ 和空气开关 QF$_2$，引入三相电源。

(4) 按下启动按钮 SB$_2$，观察接触器.时间继电器及电动机的工作情况（注意电机运行时间不应过长）。

(5) 按下停止按钮 SB$_1$，断开电机控制电源。

（6）断开空气开关 QF$_2$，切断三相主电源。

（7）断开漏电保护断路器 QF$_1$，关断总电源。

10.6　练习评分

评分标准如表 10 - 2 所列。

表 10 - 2　评分记录表

序　号	项　目	配　分	检测标准	检测结果	得　分
1	元件布局安装合理	20	布局不合理酌情扣分		
2	元件紧固	15	元件安装不牢固、导线松动每处扣 3 分		
3	线路整洁美观	20	导线裸露太长或横跨每处扣 2 分		
4	试车一次成功	35	一次失败扣 10 分		
			二次失败扣 20 分		
			三次失败扣 35 分		
5	安全生产	10	违章操作不得分		

10.7　思考题

Y -△相序的确定需要注意什么？

学习情境 11　实训 7:三相双速电动机启动自动控制

11.1　实训目的

1. 了解△-YY 型连接方法手动、自动控制双速电机电路的基本原理。
2. 熟悉△-YY 型连接方法手动、自动控制双速电机电路的控制过程。
3. 掌握△-YY 型连接方法手动、自动控制双速电机电路的接线技能。
4. 熟悉电气控制柜及采用线槽布线的布线工艺。
5. 熟悉各控制元器件的工作原理及构造。

11.2　实训内容

△-YY 型双速电机手动控制电路原理图如图 11-1 所示。

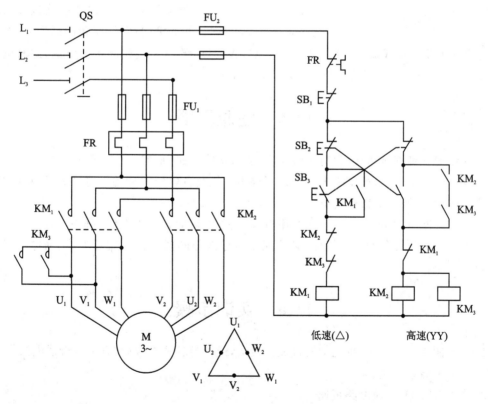

图 11-1　△-YY 型双速电机手动控制电路原理图

11.3　实训设备

实训设备如表 11 - 1 所列。

表 11 - 1　实训设备清单

序　号	名　称	数　量	备　注
1	电工安装板	1个	
2	三相异步交流电动机	1台	
3	实训元件	1套	组合开关、熔断器、接触器、热继电器、按钮开关、接线端子
4	实训工具	1套	万用表、剥线钳、螺丝刀、尖嘴钳等
5	导线	若干	

11.4　工作原理

　　双速电机的变极调速,是最常用的一种调速形式。根据定子绕组的接法不同,又可分为 $\triangle$ - YY 型接法和 Y - YY 型接法。不论哪种接法,当低速运转时,三相电源线连接在接线端 U_1、V_1、W_1,每个绕组中点引出的接线端 U_2、V_2、W_2 空着不接;当由低速转向高速时,控制回路使电动机的绕组接线端 U_1、V_1、W_1 短接,U_2、V_2、W_2 的三个接线端接上电源,此时电动机定子绕组为 YY 连接,磁极为二极,转速增加一倍。

11.5　注意事项

　　1. 接线时合理安排布线,保持走线美观,要求接线牢靠、整齐、清楚、安全。

　　2. 操作时注意安全,严禁带电操作。不许用手触及各电气元件的导电部分及电动机的转动部分,以免发生触电及意外损伤。

　　3. 只有在断电的情况下,方可用万用电表 Ω 挡来检查线路的接线正确与否。

　　4. 要观察电气设备的动作情况,必须征得指导教师同意并在其监督下,接通电源进行操作和观察。

11.6　实训步骤

　　1. 参考图 11 - 1 接线,将电动机接成 $\triangle$ 接法,经指导教师检查后,方可进行通电操作。

　　2. 合上电源总开关。

　　3. 合上开关 QS_1,使电路板通电。

　　4. 按下按钮 SB_3,观察电动机能否工作;然后按下按钮 SB_2,观察电机转速是否发生变化,并观察电动机是否发生反转现象;最后按下按钮 SB_1,观察电路是否停止工作。

5. 实验完毕,断开开关 QS_1,切断三相交流电源,拆除电动机连线。

11.7 练习评分

评分标准如表 11-2 所列。

表 11-2 评分记录表

序　号	项　目	配　分	检测标准	检测结果	得　分
1	元件布局 安装合理	20	布局不合理酌情扣分		
2	元件紧固	15	元件安装不牢固、导线 松动每处扣 3 分		
3	线路整洁美观	20	导线裸露太长或横跨每处扣 2 分		
4	试车一次成功	35	一次失败扣 10 分		
			二次失败扣 20 分		
			三次失败扣 35 分		
5	安全生产	10	违章操作不得分		

11.8 思考题

1. 为什么 KM_1 和 KM_2 所接相序不一样?

2. KM_1 接触器的常闭触点串联在 KM_2 接触器线圈回路中,同时 KM_2 接触器的常闭触点串联在 KM_1 接触器线圈回路中,这种接法有何作用?

学习情境 12　实训 8：C620 型车床的接线

12.1　概　述

普通车床在机械加工生产中必不可少,作为最基本的生产设备,我们必须掌握其安装、调试、维修的基本技能。图 12 - 1 所示为 C620 型车床的接线控制图。

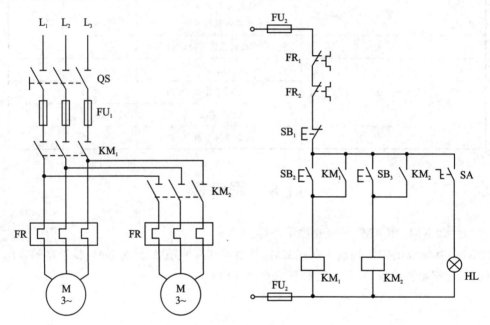

图 12 - 1　C620 型车床的接线控制图

启动时,合上漏电保护断路器 QF_1 和空气开关 QF_2,接通三相电源,旋转开关 SA_1 拨向 ON,打开照明电路,HL 指示灯亮。按下启动按钮 SB_2,接触器 KM_1 线圈通电吸合,主触点闭合且其通过与开关 SB_2 并联的辅助常开触点 KM_1 实现自锁,主轴电动机 M_1 启动运转。若加工时需要冷却,则按下按钮开关 SB_3,接触器 KM_2 的线圈通电,主触点闭合,同时其通过与按钮开关 SB_3 并联的辅助常开触点 KM_2 实现自锁。冷却泵电动机 M_2 启动。要求停车时,按下停止按钮 SB_1 即可。

12.2　实训目的

1. 了解 C620 型车床的相关知识。
2. 掌握 C620 型车床的工作原理、接线方式及操作方法。

12.3　实训设备

实训设备清单如表 12 - 1 所列。

表 12 - 1　实训设备清单

序　号	名　称	数　量	备　注
1	电路安装板	1 个	
2	M14B 型异步电动机	1 台	
3	M14A 型异步电动机	1 台	
4	低压电气元件	1 套	
5	万用表、剥线钳、螺丝刀、尖嘴钳等	1 套	
6	导线	若干	

12.4　实训内容

C620 型车床的电气控制线路的安装。

12.5　实训步骤

1. 检查各实验设备外观及质量是否良好。

2. 按图 12 - 1 进行正确接线,先接主回路,再接控制回路。自己检查无误并经指导老师检查认可后方可合闸实验。

(1) 热继电器值调到 0.9 A。

(2) 合上漏电保护断路器 QF_1 和空气开关 QF_2,引入三相电源。

(3) 按下旋钮开关 SA_1 观察指示灯的工作情况。

(4) 按下按钮开关 SB_2,观察电动机及各接触器的工作情况。

(5) 按下按钮开关 SB_3,观察电动机及各接触器的工作情况。

(6) 按下旋钮开关 SA_1,按下停止按钮 SB_1,断开电动机电源。

(7) 断开空气开关 QF_2,切断三相主电源。

(8) 断开漏电保护断路器 QF_1,关断总电源。

12.6　练习评分

评分标准如表 12 - 2 所列。

表 12－2 评分记录表

序　号	项　目	配　分	检测标准	检测结果	得　分
1	元件布局 安装合理	20	布局不合理酌情扣分		
2	元件紧固	15	元件安装不牢固、导线 松动每处扣 3 分		
3	线路整洁美观	20	导线裸露太长或横跨每处扣 2 分		
4	试车一次成功	35	一次失败扣 10 分		
			二次失败扣 20 分		
			三次失败扣 35 分		
5	安全生产	10	违章操作不得分		

12.7　思考题

机床电路比我们所练习的电力拖动电路多了哪些部分？

学习情境 13   实训 9:C650 - 2 普通车床电气维修

13.1   C650 - 2 普通车床的基本组成

1. KH - JC01 电源控制面板

（1）交流电源（带有漏电保护措施）

通过市电提供三相交流电源（380 V）。

（2）人身安全保护体系

电压型漏电保护器:对线路出现的漏电现象进行保护,使控制屏内的接触器跳闸,切断电源。

电流型漏电保护装置:控制屏若有漏电现象,漏电电流超过一定值,即切断电源。

2. KH - C01(铝质面板)

面板上安装有机床的所有主令电器及动作指示灯、机床的所有操作都在这块面板上进行,指示灯可以指示机床的相应动作。

面板上印有 C650 - 2 普通车床示意图,可以很直观地看出 C650 - 2 普通车床的外形轮廓。

3. KH - C03(铁质面板)

面板上装有断路器、熔断器、接触器、热继电器、变压器等元器件,这些元器件直接安装在面板表面,可以很直观地看它们的动作情况。

4. 三相异步电动机

三个 380 V 三相鼠笼异步电动机,分别用作主轴电动机、冷却泵和快速移动电动机。

5. 故障开关箱

设有 32 个开关,其中 $K_1 \sim K_{23}$ 用于故障设置;$K_{24} \sim K_{31}$ 保留;K_{32} 用作指示灯开关,可以用来设置机床动作指示与不指示。

13.2   C650 - 2 普通车床的机床原理

C650 - 2 普通车床电气控制线路图如图 13 - 1 所示。

图 13 - 2 所示为 C650 - 2 普通车床的结构图。它主要由床身、主轴、进给箱、溜板箱、刀架、丝杆、光杆、尾座等部分组成。

车床的切削运动包括工件旋转的主运动和刀具的直线进给运动。根据工件的材料性质、车刀材料及几何形头、工件直径、加工方式及冷却条件的不同,要求主轴有不同的切削速度。

车床的进给运动是刀架带动刀具的直线运动。溜板箱把丝杆或光杆的转动传递给刀架部分,变换溜板箱外的手柄位置,经刀架部分使车刀做纵向或横向进给。

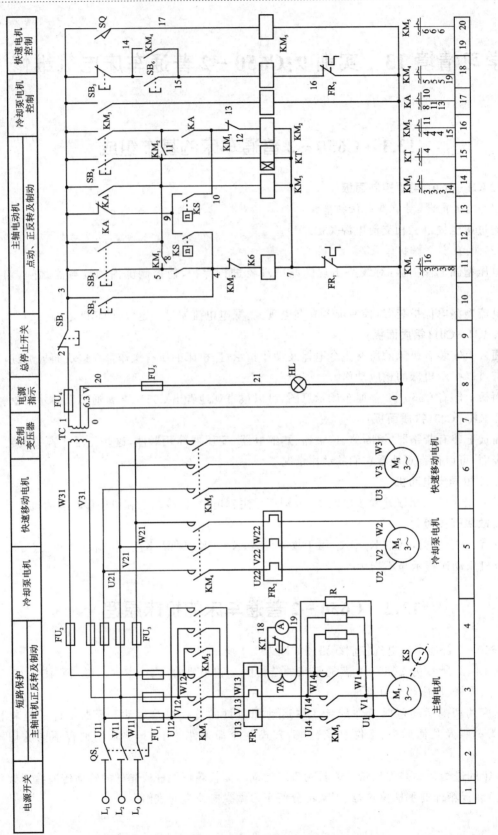

图13-1 C650-2普通车床电气控制线路图

车床的辅助运动为机床上除切削运动以外的其他一切必需的运动,如尾座的纵向移动,工件的夹紧与放松等。

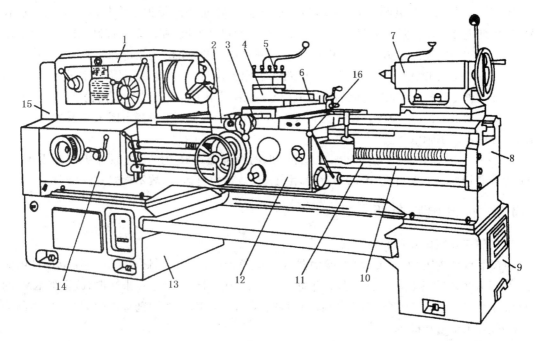

1—主轴箱;2—纵溜板;3—横溜板;4—转盘;5—方刀架;6—小溜板;7—尾座;8—床身;9—右床座;
10—光杠;11—丝杠;12—溜板箱;13—左床座;14—进给箱;15—挂轮架;16—操纵手柄

图 13-2 C650-2普通车床的结构图

13.3 C650-2普通车床的电力拖动特点及控制要求

C650-2型普通车床是一种中型车床,除有主轴电动机 M_1 和冷却泵电动机 M_2 外,还设置了刀架快速移动电动机 M_3。它的控制特点如下:

(1)主轴的正反转不是通过机械方式来实现的,而是通过电气方式,即主轴电动机 M_1 的正反转来实现的,从而简化了机械结构。

(2)主轴电动机的制动采用了电气反接制动形式,并用速度继电器进行控制,实现快速停车。

(3)为便于对刀操作,主轴设有点动控制。

(4)采用电流表来检测电动机负载情况。

(5)控制回路由于电气元件很多,故通过控制变压器 TC 同三相电网进行电隔离,提高了操作和维修时的安全性。

13.4 C650-2普通车床的电气控制线路分析

C650-2普通车床的电气控制线路图见图 13-1。

13.4.1　主电路分析

图 13 - 1 中,QS$_1$ 为电源开关。FU$_1$ 为主轴电动机 M$_1$ 的短路保护用熔断器,FR$_1$ 为其过载保护用热继电器。R 为限流电阻,在主轴启动时,限制启动电流,在停车反接制动时,又起限制过大的反向制动电流的作用。电流表 A 用来监视主电动机 M$_1$ 的绕组电流,由于实际机床中 M$_1$ 功率很大,故 A 接入电流互感器 TA 回路。机床工作时,可调整切削用量,使电流表 A 的电流接近主轴电动机 M$_1$ 额定电流的对应值(经 TA 后减小了的电流值),以便提高生产效率和充分利用电动机的潜力。KM$_1$、KM$_2$ 为正反转接触器,KM$_3$ 为用于短接电阻 R 的接触器,由它们的主触点控制主轴电动机 M$_1$。

图 13 - 1 中,KM$_4$ 为接通冷却泵电动机 M$_2$ 的接触器,FR$_2$ 为 M$_2$ 过载保护用热继电器。KM$_5$ 为接通快速移动电动机 M$_3$ 的接触器,由于 M$_3$ 点动短时运转,故不设置热继电器。

13.4.2　控制电路分析

1. 主轴电动机的点动调整控制

当按下点动按钮 SB$_2$ 不松手时,接触器 KM$_1$ 线圈通电,KM$_1$ 主触点闭合,电网电压经限流电阻 R 通入主电动机 M$_1$,从而减小了启动电流。由于中间继电器 KA 未通电,故虽然 KM$_1$ 的辅助常开触点(5~8)已闭合,但不自锁,因而,松开 SB$_2$ 后,KM$_1$ 线圈随即断电,进行反接制动(详见下述)主轴电动机 M$_1$ 停转。

2. 主轴电动机的正反转控制

当按下正向启动按钮 SB$_3$ 时,KM$_3$ 通电,其主触点闭合,短接限流电阻 R,另有一个常开辅助触点 KM$_3$(3~13)闭合,使得 KA 通电吸合,KA(3~8)闭合,使得 KM$_3$ 在 SB$_3$ 松手后也保持通电,进而 KA 也保持通电。当 SB$_3$ 尚未松开时,由于 KA 的另一常开触点 KA(5~4)已闭合,故使得 KM$_1$ 通电,其主触点闭合,主电动机 M$_1$ 全压启动运行。KM$_1$ 的辅助常开触点 KM$_1$(5~8)也闭合。这样,松开 SB$_3$ 后,由于 KA 的二个常开触点 KA(3~8)、KA(5~4)保持闭合,KM$_1$(5~8)也闭合,故可形成自锁通路,从而 KM$_1$ 保持通电。另外,在 KM$_3$ 得电同时,时间继电器 KT 通电吸合,其作用是使电流表避免启动电流的冲击(KT 延时应稍长于 M$_1$ 的启动时间)。图中 SB$_4$ 为反向启动按钮,反向启动过程与正向时类似,故不再赘述。

3. 主轴电动机的反接制动

C650 - 2 普通车床采用反接制动方式,用速度继电器 KS 进行检测和控制。点动、正转、反转停车时均有反接制动。

假设原来主轴电动机 M$_1$ 正转运行着,则 KS 的正向常开触点 KS(9~10)闭合,而反向常开触点 KS(9~4)依然断开着。当按下总停按钮 SB$_1$ 后,原来通电的 KM$_1$、KM$_3$、KT 和 KA 就随即断电,它们的所有触点均被释放而复位。然而,当 SB$_1$ 松开后,M$_1$ 由于惯性转速还很高,KS(9~10)仍闭合,所以反转接触器 KM$_2$ 立即通电吸合,电流通路是:1→2→3→9→10→12→KM$_2$ 线圈→7→0。

这样,主电动机 M$_1$ 就被串电阻反接制动,正向转速很快降下来,当降到很低时($n <$ 100 r/min),KS 的正向常开触点 KS(9~10)断开复位,从而切断了上述电流通路。至此,正向反接制动就结束了。

点动时反接制动过程和反向时反接制动过程不再赘述。

4. 刀架的快速移动和冷却泵控制

转动刀架手柄,限位开关 SQ 被压动而闭合,使得快速移动接触器 KM_5 通电,快速移动电动机 M_3 就启动运转;而当刀架手柄复位时,M_3 随即停转。

5. 冷却泵电动机 M_2 的启停按钮

冷却泵电动机 M_2 的启停按钮分别为 SB_6 和 SB_5。

13.4.3　辅助电路分析

虽然电流表 A 接在电流互感器 TA 回路里,但主电动机 M_1 启动时对它的冲击仍然很大。为此,在线路中设置了时间继电器 KT 进行保护。当主电动机正向或反向启动时,KT 通电,延时时间尚未到时,A 就被 KT 延时断开的常闭触点短路;延时时间到后,才有电流指示。

13.5　C650-2 普通车床电气线路的故障与维修

表 13-1 所列为常见故障分析表,故障不能一一列举,这里仅选一部分进行说明。

表 13-1　故障分析表

故障现象		故障原因	故障检修
操作时无反应		1. 无电源; 2. QS_1 接触不良或内部熔丝断开; 3. FU_2 或 FU_4 中有一个熔断或接触不良; 4. 变压器 TC 线圈有开路; 5. SB_1 接触不良; 6. V_{11}、W_{11}、W_{31}、V_{31}、0、1、2、3 号线中有脱落或断路	检查电源是否正常;然后断电后,用万用表电阻挡检查相关部分
主轴电机不能点动,其余动作正常		1. 3、4 号线中有脱落或断路; 2. SB_2 接触不良	用万用表电阻挡检查相关部分
主轴电机不能正反转	KM_3 也不能吸合	1. 3、8、7 号线中有脱落或断路; 2. FR_1 常闭触点断开或接触不良; 3. KM_3 线圈断路	用万用表电阻挡检查相关部分
	KM_3 能吸合	1. 3、13、0 号线中有脱落或断路; 2. KM_3(3~13)常开触点接触不良; 3. KA 线圈断路	用万用表电阻挡检查相关部分
主轴电机不能正转,但点动正常,反转正常		1. 3、5、4、8 号线中有脱落或断路; 2. SB_3 接触不良; 3. KA(5~6)常开触点接触不良	用万用表电阻挡检查相关部分
主轴电机不能点动及正转,且反转时无反接制动		1. 4、6、7 号线中有脱落或断路; 2. KM_2(4~6)常闭触点接触不良; 3. KM_1 线圈断路	用万用表电阻挡检查相关部分
主轴电机反转不能自锁		1. 8、11 号线中有脱落或断路; 2. KM_2(8~11)常开触点接触不良	用万用表电阻挡检查相关部分

故障现象	故障原因	故障检修
主轴电机正反转均不能自锁	1. 3、8 号线中有脱落或断路； 2. KA(3~8)常开触点接触不良	用万用表电阻挡检查相关部分
主轴电机点动、正转均无反接制动，但反转正常	1. 9、10 号线中有脱落或断路； 2. KS(9~10)常开触点接触不良	用万用表电阻挡检查相关部分
主轴电机正反转均无反接制动	1. 3、9 号线中有脱落或断路； 2. KA(3~9)常开触点接触不良； 3. 速度继电器损坏	用万用表电阻挡检查相关部分
主轴电机反转缺相，点动、正转不能停车	KM₂ 主触点中有一个接触不良	用万用表电阻挡检查相关部分
主轴电机点动缺相，正、反转运行时正常，但正反转停车时均不能停车	制动电阻 R 中有一个开路	用万用表电阻挡检查相关部分
主轴电机控制线路正常，但 M₁ 不能转动	1. FU₁ 中有二相熔断； 2. 电机 Y 形接点脱开； 3. 电机引出线有二根脱落	用万用表电阻挡检查相关部分
主轴电机点动、正转、反转均不能停车	电源相序接反，或主轴电机相序接反	更换电源或主轴电机相序

13.6 C650-2 普通车床电气模拟装置的试运行操作

1. 准备工作

（1）查看装置背面各电气元件上的接线是否牢固，各熔断器是否安装良好；

（2）独立安装好接地线，设备下方垫好绝缘垫，将各开关置分断位；

（3）插上三相电源。

2. 操作试运行

（1）使装置中漏电保护部分接触器先吸合，再合上 QS₁，电源指示灯亮；

（2）按下 SQ，快速移动电动机 M₃ 工作；

（3）按下 SB₆，冷却电动机 M₂ 工作，相应指示灯亮，按下 SB₅，M₂ 停止；

（4）按下 SB₂，主轴电动机 M₁ 实现点动。（注：该按钮不应长时间反复操作，以免制动电阻 R 及 M₁ 过热）；

（5）按下 SB₃，主轴电动机 M₁ 正转，相应指示灯亮，延时后，电流表指示 M₁ 工作电流（按下 SB₃ 后，KM₁、KM₃、KT、KA 均应吸合）。按下 SB₁，M₁ 实现反接制动，迅速停转（按下 SB₁ 后，KM₂ 应先吸合，然后释放）。

（6）按下 SB₄，主轴电动机 M₁ 反转，相应指示灯亮，延时后，电流表指示 M₁ 工作电流（按下 SB₄ 后，KM₂、KM₃、KT、KA 均应吸合）。按下 SB₁，M₁ 实现反接制动，迅速停转（按下 SB₁ 后，KM₁ 应先吸合，然后释放）。

特别说明:装置初次试运行时,可能会出现主轴电机点动、正转、反转均不能停机的现象,这是由于电源或主轴电机相序接反引起的,此时应马上切断电源,把电源或主轴电机相序调换即可。

13.7 C650-2普通车床电气模拟装置故障排除练习

实训时,实训指导老师将在装置上设置2～3个故障,学生独立完成故障排除工作。

1. 操作时断电操作,根据工作原理逐步缩小故障范围。

2. 不得扩大故障现象。

3. 需要通电检查需实训指导老师同意并监督下操作检修。

4. 排除故障时,必须修复故障点,不得采用更换电气元件、借用触点及改动线路的方法;否则,按不能排除故障点扣分。

13.8 练习评分

评分标准如表13-2所列。

表 13-2 评分记录表

序 号	考核内容	考核要点	配 分	考核标准	扣 分	得 分
1	调查研究	对每个故障现象进行调查研究	2	排除故障前不进行调查研究,扣2分		
2	读图与分析	在电气控制线路图上分析故障可能的原因,思路正确	6	1. 错标或标不出故障范围,每个故障点扣2分,6分扣完为止。 2. 不能标出最小的故障范围,每个故障点扣2分,6分扣完为止		
3	故障排除	找出故障点并排除故障	18	1. 实际排除故障中思路不清楚,每个故障点扣2分。 2. 每少查出1处故障点,扣4分。 3. 每少排除1处故障点,扣3分。 4. 排除故障方法不正确,每处扣1分。 5. 18分扣完为止		
4	工具、量具及仪器、仪表	根据工作内容正确使用工具和仪表	1	工具或仪表使用错误,扣1分		
5	材料选用	根据工作内容正确选用材料	1	材料选用错误,扣1分		

序 号	考核内容	考核要点	配 分	考核标准	扣 分	得 分
6	劳动保护与安全文明生产	1. 劳动保护用品穿戴整齐。 2. 电工工具佩带齐全。 3. 遵守操作规程;尊重考评员,讲文明礼貌	2	1. 劳动保护用品穿戴不全,扣1分。 2. 考试中,违反安全文明生产考核要求的任何一项,扣1分,扣完为止。 3. 当考评员发现考生有重大人身事故隐患时,要立即予以制止,并扣考生安全文明生产总分3分		
7	备注	操作有错误,要从此项总分中扣分		1. 排除故障时,产生新的故障后不能自行修复,每个扣10分;已经修复,每个扣5分。 2. 损坏设备,扣20分		
	合计		30			

技术要求:

1. 调查研究:对每个故障现象进行调查研究。

2. 故障分析:在电气控制线路上分析故障可能的原因,思路正确。

3. 故障排除:正确使用工具和仪表,找出故障点并排除故障

学习情境 14　实训 10:X62W 万能铣床电气维修

14.1　概　述

铣床主要指用铣刀在工件上加工多种表面的机床。通常铣刀旋转运动为主运动,工件(和)铣刀的移动为进给运动。它可以加工平面、沟槽,也可以加工各种曲面、齿轮等。铣床是用铣刀对工件进行铣削加工的机床。铣床除能铣削平面、沟槽、轮齿、螺纹和花键轴外,还能加工比较复杂的型面,效率较刨床高,在机械制造和修理部门得到广泛应用。

图 14-1 所示为 X62W 万能铣床电气控制线路图。

14.2　机床分析

14.2.1　主要结构及运动形式

1. 主要结构

X62W 万能铣床由床身、主轴、刀杆、横梁、工作台、回转盘、横溜板和升降台等几部分组成,如图 14-2 所示。

2. 运动形式

(1) 主轴转动是由主轴电动机通过弹性联轴器来驱动传动机构,当机构中的一个双联滑动齿轮啮合时,主轴即可旋转。

(2) 工作台面的移动是由进给电动机驱动,它通过机械机构使工作台能进行三种形式六个方向的移动,具体如下:工作台面能直接在溜板上部可转动部分的导轨上作纵向(左、右)移动;工作台面借助横溜板作横向(前、后)移动;工作台面还能借助升降台作垂直(上、下)移动。

14.2.2　对电气线路的主要要求

机床对电气线路的主要要求如下:

(1) 机床要求有三台电动机,分别称为主轴电动机、进给电动机和冷却泵电动机。

(2) 由于加工时有顺铣和逆铣两种,所以要求主轴电动机能正反转及在变速时能瞬时冲动一下,以利于齿轮的啮合,并要求还能制动停车和实现两地控制。

(3) 工作台的三种运动形式六个方向的移动是依靠机械的方法来达到的,对进给电动机要求能正反转,且要求纵向、横向、垂直三种运动形式相互间应有联锁,以确保操作安全。同时要求工作台进给变速时,电动机也能瞬间冲动、快速进给及两地控制等。

(4) 冷却泵电动机只要求正转。

(5) 进给电动机与主轴电动机需实现两台电动的联锁控制,即主轴工作后才能进行进给。

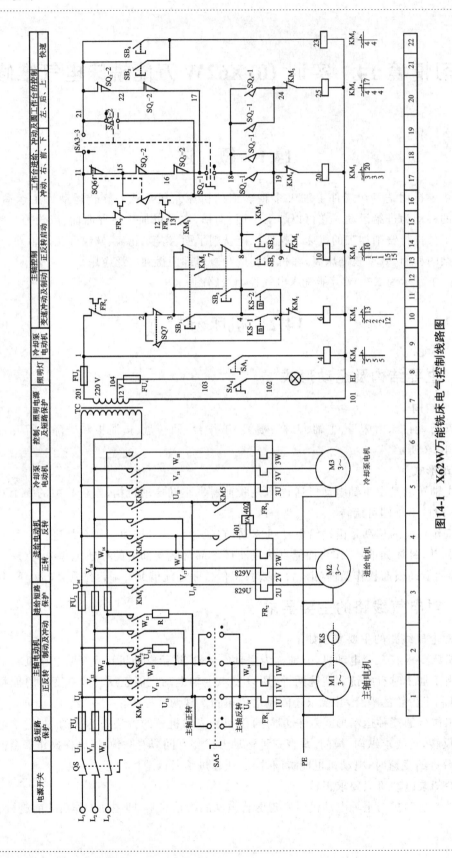

图14-1 X62W万能铣床电气控制线路图

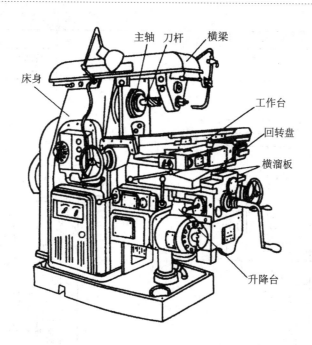

图 14 - 2　X62W 万能铣床结构示意图

14.2.3　电气控制线路分析

X62W 万能铣床的电气控制线路图见图 14 - 1，它由主电路、控制电路和照明电路三部分组成。

1. 主电路

主电路有三台电动机：M_1 是主轴电动机；M_2 是进给电动机；M_3 是冷却泵电动机。

主轴电动机 M_1 通过换相开关 SA_5 与接触器 KM_1 配合，能进行正反转控制，而与接触器 KM_2、制动电阻器 R 及速度继电器的配合，能实现串电阻瞬时冲动和正反转反接制动控制，并能通过机械进行变速。

进给电动机 M_2 能进行正反转控制，通过接触器 KM_3、KM_4 与行程开关及 KM_5、牵引电磁铁 YA 配合，能实现进给变速时的瞬时冲动、六个方向的常速进给和快速进给控制。

冷却泵电动机 M_3 只能正转。

熔断器 FU_1 作机床总短路保护，也兼作 M_1 的短路保护；FU_2 作为 M_2、M_3 及控制变压器 TC、照明灯 EL 的短路保护；热继电器 FR_1、FR_2、FR_3 分别作为 M_1、M_2、M_3 的过载保护。

2. 控制电路

（1）主轴电动机的控制（电路见图 14 - 3）

① SB_1、SB_3 与 SB_2、SB_4 是分别装在机床两边的停止（制动）和启动按钮，实现两地控制，方便操作。

② KM_1 是主轴电动机启动接触器，KM_2 是反接制动和主轴变速冲动接触器。

③ SQ_7 是与主轴变速手柄联动的瞬时动作行程开关。

④ 主轴电动机需启动时，要先将 SA_5 扳到主轴电动机所需要的旋转方向，然后再按启动按钮 SB_3 或 SB_4 来启动电动机 M_1。

电源开关	总短路保护	主轴电动机			主轴控制	
		正反转	制动及冲动		变速冲动及制动	正反转启动

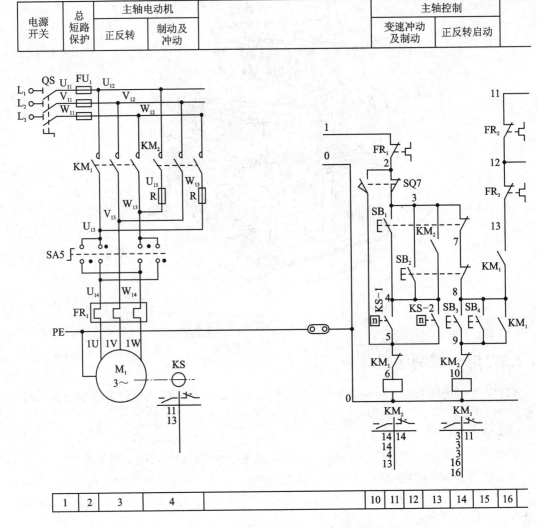

图 14-3　主轴电动机控制电气原理图

⑤ M₁启动后,速度继电器 KS 的一对常开触点闭合,为主轴电动机的停转制动做好准备。

⑥ 停车时,按停止按钮 SB₁或 SB₂切断 KM₁电路,接通 KM₂电路,改变 M₁的电源相序进行串电阻反接制动。当 M₁的转速低于 120 r/min 时,速度继电器 KS 的一对常开触点恢复断开,切断 KM₂电路,M₁停转,制动结束。

据以上分析可写出主轴电机转动(即按 SB₃或 SB₄)时控制线路的通路:1—2—3—7—8—9—10—KM₁线圈—O ;主轴停止与反接制动(即按 SB₁或 SB₂)时的通路:1—2—3—4—5—6—KM₂线圈—O。

⑦ 主轴电动机变速时的瞬动(冲动)控制,是利用变速手柄与冲动行程开关 SQ₇通过机械上联动机构进行控制的。

主轴电动机变速瞬动控制示意图如图 14-4 所示。变速时,先下压变速手柄,然后拉到前面,当快要落到第二道槽时,转动变速盘,选择需要的转速。此时凸轮压下弹簧杆,使冲动行程

SQ_7 的常闭触点先断开，切断 KM_1 线圈的电路，电动机 M_1 断电；同时 SQ_7 的常开触点后接通，KM_2 线圈得电动作，M_1 被反接制动。当手柄拉到第二道槽时，SQ_7 不受凸轮控制而复位，M_1 停转。

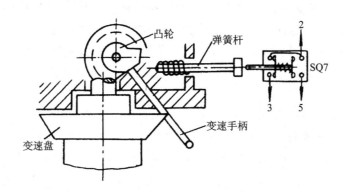

图 14-4　主轴电动机变速瞬动控制示意图

接着把手柄从第二道槽推回原始位置时，凸轮又瞬时压动行程开关 SQ_7，使 M_1 反向瞬时冲动一下，以利于变速后的齿轮啮合。

但要注意，不论是开车还是停车时，都应以较快的速度把手柄推回原始位置，以免通电时间过长，引起 M_1 转速过高而打坏齿轮。

（2）工作台进给电动机的控制

工作台的纵向、横向和垂直运动都由进给电动机 M_2 驱动，接触器 KM_3 和 KM_4 使 M_2 实现正反转，用以改变进给运动方向。它的控制电路采用了与纵向运动机械操作手柄联动的行程开关 SQ_1、SQ_2 和横向及垂直运动机械操作手柄联动的行程开关 SQ_3、SQ_4 组成复合联锁控制。即在选择三种运动形式的六个方向移动时，只能进行其中一个方向的移动，以确保操作安全，当这两个机械操作手柄都在中间位置时，各行程开关都处于未压的原始状态，如图 14-1 所示。

由图 14-3 可知，控制圆工作台的组合开关 SA3 扳到断开，使触点 $SA_3-1(17\sim18)$ 和 $SA_3-3(12\sim21)$ 闭合，而 $SA_3-2(19\sim21)$ 断开，然后启动 M_1，这时接触器 KM_1 吸合，使 KM_1 $(9\sim12)$ 闭合，就可进行工作台的进给控制。

① 工作台纵向（左右）运动的控制，工作台的纵向运动是由进给电动机 M_2 驱动，由纵向操纵手柄来控制。此手柄是复式的，一个安装在工作台底座的顶面中央部位，另一个安装在工作台底座的左下方。手柄有三个：向左、向右、零位。当手柄扳到向右或向左运动方向时，手柄的联动机构压下行程 SQ_1 或 SQ_2，使接触器 KM_3 或 KM_4 动作，控制进给电动机 M_2 的正反转。工作台左右运动的行程，可通过调整安装在工作台两端的撞铁位置来实现。当工作台纵向运动到极限位置时，撞铁撞动纵向操纵手柄，使它回到零位，M_2 停转，工作台停止运动，从而实现了纵向终端保护。

工作台向左运动：在 M_1 启动后，将纵向操作手柄扳至向左位置，一方面机械接通纵向离合器，同时在电气上压下 SQ_1，使 SQ_{1-2} 断，SQ_{1-1} 通，而其他控制进给运动的行程开关都处于原始位置，此时使 KM_3 吸合，M_2 正转，工作台向左进给运动。其控制电路的通路为：11—15—16—17—18—19—20—KM_3 线圈—O，工作台右运动：当纵向操纵手柄扳至向右位置时，机械上仍然接通纵向进给离合器,但却压动了行程开关 SQ_2,使 SQ_{2-2} 断,SQ_{2-1} 通,使 KM_4 吸合,M_2 反转,工作台向右进给运动,其通路为:11—15—16—17—18—24—25—KM_4 线圈—O。

② 工作台垂直(上下)和横向(前后)运动的控制:工作台的垂直和横向运动,由垂直和横向进给手柄操纵。此手柄也是复式的,有两个完全相同的手柄分别装在工作台左侧的前、后方。手柄的联动机械一方面压下行程开关 SQ_3 或 SQ_4,同时能接通垂直或横向进给离合器。操纵手柄有五个位置(上、下、前、后、中间),五个位置是联锁的,工作台的上下和前后的终端保护是利用装在床身导轨旁与工作台座上的撞铁,将操纵十字手柄撞到中间位置,使 M_2 断电停转。

工作台向前(或者向下)运动的控制:将十字操纵手柄扳至向前(或者向下)位置时,机械上接通横向进给(或者垂直进给)离合器,同时压下 SQ_4,使 SQ_{4-2} 断,SQ_{4-1} 通,使 KM_4 吸合,M_2 反转,工作台向前(或者向下)运动。其通路为:11—21—22—17—18—24—25—KM_4 线圈—O。

工作台向后(或者向上)运动的控制:将十字操纵手柄扳至向后(或者向上)位置时,机械上接通横向进给(或者垂直进给)离合器,同时压下 SQ_3,使 SQ_{3-2} 断,SQ_{3-1} 通,使 KM_3 吸合,M_2 正转,工作台向后(或者向上)运动。其通路为:11—21—22—17—18—19—20—KM_3 线圈—O。

③ 进给电动机变速时的瞬动(冲动)控制:变速时,为使齿轮易于啮合,进给变速与主轴变速一样,设有变速冲动环节。当需要进行进给变速时,应将转速盘的蘑菇形手轮向外拉出并转动转速盘,把所需进给量的标尺数字对准箭头,然后再把蘑菇形手轮用力向外拉到极限位置并随即推向原位,就在一次操纵手轮的同时,其连杆机构二次瞬时压下行程开关 SQ_6,使 KM_3 瞬时吸合,M_2 作正向瞬动。

其通路为:11—21—22—17—16—15—19—20—KM_3 线圈 O。由于进给变速瞬时冲动的通电回路要经过 SQ_1~SQ_4 四个行程开关的常闭触点,因此只有当进给运动的操作手柄都在中间(停止)位置时,才能实现进给变速冲动控制,以保证操作时的安全。同时,与主轴变速时的冲动控制一样,电动机的通电时间不能太长,以防止转速过高,在变速时打坏齿轮。

④ 工作台的快速进给控制:为提高劳动生产率,要求铣床在不作铣切加工时,工作台能快速移动。

工作台快速进给也由进给电动机 M_2 来驱动,在纵向、横向和垂直三种运动形式六个方向上都可以实现快速进给控制。

主轴电动机启动后,将进给操纵手柄扳到所需位置,工作台按照选定的速度和方向作常速进给移动时,再按下快速进给按钮 SB_5(或 SB_6),使接触器 KM_5 通电吸合,接通牵引电磁铁 YA,电磁铁通过杠杆使摩擦离合合上,减少中间传动装置,使工作台按运动方向作快速进给运动。当松开快速进给按钮时,电磁铁 YA 断电,摩擦离合器断开,快速进给运动停止,工作台仍按原常速进给时的速度继续运动。

(3)圆工作台运动的控制

铣床如需铣切螺旋槽、弧形槽等曲线时,可在工作台上安装圆形工作台及其传动机械,圆形工作台的回转运动也是由进给电动机 M_2 传动机构驱动的。

圆工作台工作时,应先将进给操作手柄都扳到中间(停止)位置,然后将圆工作台组合开关 SA_3 扳到圆工作台接通位置。此时 SA_3-1 断,SA_3-3 断,SA_3-2 通。准备就绪后,按下主轴启动按钮 SB_3 或 SB_4,则接触器 KM_1 与 KM_3 相继吸合。主轴电机 M_1 与进给电机 M_2 相继启动并运转,而进给电动机仅以正转方向带动圆工作台作定向回转运动。其通路为:11—15—16—17—22—21—19—20—KM₃线圈—O。由上述可知,圆工作台与工作台进给有互锁,即当圆工作台工作时,不允许工作台在纵向、横向、垂直方向上有任何运动。若误操作而扳动进给运动操纵手柄(即压下 SQ₁～SQ₄、SQ₆中任一个),则 M₂ 即停转。

14.3　X62W 万能铣床电气线路的故障与维修

铣床电气控制线路与机械系统的配合十分密切,其电气线路的正常工作往往与机械系统的正常工作是分不开的,这就是铣床电气控制线路的特点。正确判断是电气还是机械故障和熟悉机电部分配合情况,是迅速排除电气故障的关键。这就要求维修电工不仅要熟悉电气控制线路的工作原理,而且还要熟悉有关机械系统的工作原理及机床操作方法。下面通过几个实例来描述 X62W 铣床的常见故障及其排除方法。

1. 主轴停车时无制动

主轴无制动时要首先检查按下停止按钮 SB₁ 或 SB₂ 后,反接制动接触器 KM₂ 是否吸合,KM₂不吸合,则故障原因一定在控制电路部分,检查时可先操作主轴变速冲动手柄,若有冲动,故障范围就缩小到速度继电器和按钮支路上。若 KM₂ 吸合,则故障原因就较复杂一些,故障原因有二:其一是,主电路的 KM₂、R 制动支路中,至少有缺相的故障存在;其二是,速度继电器的常开触点过早断开,但在检查时,只要仔细观察故障现象,这两种故障原因是能够区别的,前者的故障现象是完全没有制动作用,而后者则是制动效果不明显。

以上分析可知,主轴停车时无制动的故障原因,较多是由于速度继电器 KS 发生故障引起的。如 KS 常开触点不能正常闭合,其原因有推动触点的胶木摆杆断裂;KS 轴伸端圆销扭弯、磨损或弹性连接元件损坏;螺丝销钉松动或打滑等。若 KS 常开触点过早断开,其原因有 KS 动触点的反力弹簧调节过紧;KS 的永久磁铁转子的磁性衰减等。

应该说,机床电气的故障不是千篇一律的,所以在维修中,不可生搬硬套,而应该采用理论与实践相结合的灵活处理方法。

2. 主轴停车后产生短时反向旋转

这一故障一般是由于速度继电器 KS 动触点弹簧调整得过松,使触点分断过迟引起,只要重新调整反力弹簧便可消除。

3. 按下停止按钮后主轴电机不停转

产生故障的原因有:接触器 KM₁ 主触点熔焊;反接制动时两相运行;SB₃ 或 SB₄ 在启动 M₁ 后绝缘被击穿。这三种故障原因,在故障的现象上是能够加以区别的:如按下停止按钮后,KM₁ 不释放,则故障可断定是由熔焊引起;如按下停止按钮后,接触器的动作顺序正确,即 KM₁ 能释放,KM₂ 能吸合,同时伴有嗡嗡声或转速过低,则可断定是制动时主电路有缺相故障存在;若制动时接触器动作顺序正确,电动机也能进行反接制动,但放开停止按钮后,电动机又再次自启动,则可断定故障是由启动按钮绝缘击穿引起的。

4. 工作台不能作向下进给运动

由于铣床电气线路与机械系统的配合密切和工作台向上进给运动的控制是处于多回路线路之中,因此,不宜采用按部就班地逐步检查的方法。在检查时,可先依次进行快速进给、进给变速冲动或圆工作台向前进给的控制,向左进给及向后进给的控制,来逐步缩小故障的范围(一般可从中间环节的控制开始),然后再逐个检查故障范围内的元器件、触点、导线及接点,来查出故障点。在实际检查时,还必须考虑到由于机械磨损或移位使操纵失灵等因素,若发现此类故障原因,应与机修钳工互相配合进行修理。

下面假设故障点在图 14-1 区 20 上行程开关 SQ_4-1 由于安装螺钉松动而移动位置,造成操纵手柄虽然到位,但触点 SQ_4-1(18~24)仍不能闭合。在检查时,若进行进给变速冲动控制正常后,也就说明线路 11—21—22—17 是完好的,再通过向左进给控制正常,又能排除线路 17—18 和 24—25—O 存在故障的可能性。这样就将故障的范围缩小到 18—SQ_4-1—24 的范围内。再经过仔细检查或测量,就能很快找出故障点。

5. 工作台不能作纵向进给运动

应先检查横向或垂直进给是否正常,如果正常,说明进给电动机 M_2、主电路、接触器 KM_3、KM_4 及纵向进给相关的公共支路都正常,此时应重点检查图区 19 上的行程开关 SQ_6 (11~15)、SQ_{4-2} 及 SQ_{3-2},即线号为 11—15—16—17 支路,因为只要三对常闭触点中有一对不能闭合,有一根线头脱落,就会使纵向不能进给。然后再检查进给变速冲动是否正常,如果也正常,则故障的范围已缩小到 SQ_6(11~15)及 SQ_{1-1}、SQ_{2-1} 上,但一般 SQ_{1-1}、SQ_{2-1} 两副常开触点同时发生故障的可能性甚小,而 SQ_6(11~15)由于进给变速时,常因用力过猛而容易损坏,所以可先检查 SQ_6(11~15)触点,直至找到故障点并予以排除。

6. 工作台各个方向都不能进给

可先进行进给变速冲动或圆工作台控制,如果正常,则故障可能在开关 SA_3-1 及引接线 17、18 号上;若进给变速也不能工作,要注意接触器 KM_3 是否吸合,如果 KM_3 不能吸合,则故障可能发生在控制电路的电源部分,即 11—15—16—18—20 号线路及 0 号线上;若 KM_3 能吸合,则应着重检查主电路,包括电动机的接线及绕组是否存在故障。

7. 工作台不能快速进给

常见的故障原因是牵引电磁铁电路不通,多数是由线头脱落、线圈损坏或机械卡死引起。如果按下 SB_5 或 SB_6 后接触器 KM_5 不吸合,则故障在控制电路部分;若 KM_5 能吸合,且牵引电磁铁 YA 也吸合正常,则故障大多是由于杠杆卡死或离合器摩擦片间隙调整不当引起,应与机修钳工配合进行修理。需强调的是,在检查 12—15—16—17 支路和 12—21—22—17 支路时,一定要把 SA_3 开关扳到中间空挡位置,否则,由于这两条支路是并联的,将检查不出故障点。

14.4　X62W 万能铣床模拟装置的安装与试运行操作

1. 准备工作

(1)查看各电气元件上的接线是否紧固,各熔断器是否安装良好。

(2)独立安装好接地线,设备下方垫好绝缘垫,将各开关置分断位置。

(3)插上三相电源。

2. 操作试运行

插上电源后,各开关均应置分断位置。参看电路原理图,按下列步骤进行机床电气模拟操作运行:

(1)先按下主控电源板的启动按钮,合上低压断路器开关 QS。

（2）SA_5 置左位（或右位），电机 M_1 "正转"或"反转"指示灯亮，说明主轴电机可能运转的转向。

（3）旋转 SA_4 开关，"照明"灯亮。转动 SA_1 开关，"冷却泵电机"工作，指示灯亮。

（4）按下 SB_3 按钮（或 SB_1 按钮），电机 M_1 启动（或反接制动）；按下 SB_4 按钮（或 SB_2 按钮），M_1 启动（或反接制动）。注意：不要频繁操作"启动"与"停止"，以免电器过热而损坏。

（5）主轴电机 M_1 变速冲动操作。

实际机床的变速是通过变速手柄的操作，瞬间压动 SQ_7 行程开关，使电机产生微转，从而能使齿轮较好实现换挡啮合。

本模板要用手动操作 SQ_7，模仿机械的瞬间压动效果：采用迅速的"点动"操作，使电机 M_1 通电后，立即停转，形成微动或抖动。操作要迅速，以免出现"连续"运转现象。当"连续"运转时间较长时，会使 R 发烫。此时应拉下闸刀后，重新送电操作。

（6）主轴电机 M_1 停转后，可转动 SA_5 转换开关，按"启动"按钮 SB_3 或 SB_4，使电机换向。

（7）进给电机控制操作（SA_3 开关状态：$SA_3 - 1$、$SA_3 - 3$ 闭合，$SA_3 - 2$ 断开）。

实际机床中的进给电机 M_2 用于驱动工作台横向（前、后）、升降和纵向（左、右）移动的动力源，均通过机械离合器来实现控制"状态"的选择，电机只作正、反转控制，机械"状态"手柄与电气开关的动作对应关系如下：

工作台横向、升降控制（机床由"十字"复式操作手柄控制，既控制离合器，又控制相应开关）。

工作台向后、向上运动—电机 M_2 反转—SQ_4 压下。

工作台向前、向下运动—电机 M_2 正转— SQ_3 压下。

模板操作：按下 SQ_4，M_2 反转；按下 SQ_3，M_2 正转。

（8）工作台纵向（左、右）进给运动控制：（SA_3 开关状态同上）。实际机床专用一"纵向"操作手柄，既控制相应离合器，又压动对应的开关 SQ_1 和 SQ_2，使工作台实现了纵向的左和右运动。

模板操作：按下 SQ_1，M_2 正转；按下 SQ_2，M_2 反转。

（9）工作台快速移动操作。

在实际机床中，按下 SB_5 或 SB_6 按钮，电磁铁 YA 动作，改变机械传动链的中间传动装置，实现各方向的快速移动。

模板操作：按下 SB_5 或 SB_6 按钮，KM_5 吸合，相应指示灯亮。

（10）进给变速冲动（功能与主轴冲动相同，便于换挡时，齿轮的啮合）。

实际机床中变速冲动的实现：在变速手柄操作中，通过联动机构瞬时带动"冲动行程开关 SQ_6"，使电机产生瞬动。

模拟"冲动"操作，按下 SQ_6，电机 M_2 转动，操作此开关时应迅速压与放，以模仿瞬动压下效果。

（11）圆工作台回转运动控制：将圆工作台转换开关 SA_3 扳到所需位置，此时，$SA_3 - 1$、$SA_3 - 3$ 触点分断，$SA_3 - 2$ 触点接通。在启动主轴电机后，M_2 电机正转，实际中即为圆工作台转动（此时工作台全部操作手柄扳在零位，即 $SQ_1 \sim SQ_4$ 均不按下）。

14.5 X62W 万能铣床电气控制线路故障排除练习

实训时,实训指导老师在装置上设置 2~3 个故障,学生独立完成故障排除工作。

1. 操作时断电操作,根据工作原理逐步缩小故障范围。

2. 不得扩大故障现象。

3. 需要通电检查时需实训指导老师同意并在其监督下操作检修。

4. 排除故障时,必须修复故障点,不得采用更换电气元件、借用触点及改动线路的方法;否则,按不能排除故障点扣分。

14.6 练习评分

练习评分标准如表 14-1 所列。

表 14-1 评分记录表

序号	考核内容	考核要点	配分	考核标准	扣分	得分
1	调查研究	对每个故障现象进行调查研究	2	排除故障前不进行调查研究,扣 2 分		
2	读图与分析	在电气控制线路图上分析故障可能的原因,思路正确	6	1. 错标或标不出故障范围,每个故障点扣 2 分,6 分扣完为止。 2. 不能标出最小的故障范围,每个故障点扣 2 分,6 分扣完为止		
3	故障排除	找出故障点并排除故障	18	1. 实际排除故障中思路不清楚,每个故障点扣 2 分。 2. 每少查出 1 处故障点,扣 4 分。 3. 每少排除 1 处故障点,扣 3 分。 4. 排除故障方法不正确,每处扣 1 分。 5. 18 分扣完为止		
4	工具、量具及仪器、仪表	根据工作内容正确使用工具和仪表	1	工具或仪表使用错误,扣 1 分		
5	材料选用	根据工作内容正确选用材料	1	材料选用错误,扣 1 分		
6	劳动保护与安全文明生产	1. 劳动保护用品穿戴整齐。 2. 电工工具佩戴齐全。 3. 遵守操作规程;尊重考评员,讲文明礼貌	2	1. 劳动保护用品穿戴不全,扣 1 分。 2. 考试中,违反安全文明生产考核要求的任何一项,扣 1 分,扣完为止。 3. 当考评员发现考生有重大人身事故隐患时,要立即予以制止,并扣考生安全文明生产总分 3 分		

序　号	考核内容	考核要点	配　分	考核标准	扣　分	得　分
7	备注	操作有错误,要从此项总分中扣分		1. 排除故障时,产生新的故障后不能自行修复,每个扣 10 分;已经修复,每个扣 5 分。 2. 损坏设备,扣 20 分		
	合计		30			

技术要求:

1. 调查研究:对每个故障现象进行调查研究。

2. 故障分析:在电气控制线路上分析故障可能的原因,思路正确。

3. 故障排除:正确使用工具和仪表,找出故障点并排除故障

学习情境 15 实训 11:Z3040B 摇臂钻床电气维修

15.1 Z3040B 摇臂钻床的基本组成

1. 面板 1

面板上安装有机床的所有主令电器及动作指示灯、机床的所有操作都在这块面板上进行，指示灯可以指示机床的相应动作。

2. 面板 2

面板上装有断路器、熔断器、接触器、热继电器、变压器等元器件，这些元器件直接安装在面板表面，可以很直观地看它们的动作情况。

3. 三相异步电动机

四个 380 V 三相鼠笼异步电动机，分别用作主轴电动机、冷却泵电动机、立柱松紧电动机和摇臂升降电动机。

15.2 Z3040B 摇臂钻床电气线路的工作原理

15.2.1 主要结构及运动形式

图 15－1 所示为 Z3040B 摇臂钻床结构示意图。它主要由底座、内立柱、外立柱、摇臂、主轴箱、工作台等组成。

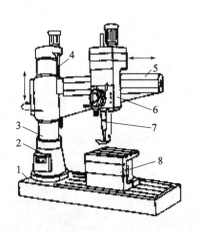

1—底座；2—内立柱；3—外立柱；4—摇臂升降丝杠；5—摇臂；

6—主轴箱；7—主轴；8—工作台

图 15－1 Z3040B 摇臂钻床结构示意图

内立柱固定在底座上，在它外面套着空心的外立柱，外立柱可绕着内立柱回转一周，摇臂一端的套筒部分与外立柱滑动配合，借助于丝杆，摇臂可沿着外立柱上下移动；但两者不能作相对移动，所以摇臂将与外立柱一起相对内立柱回转。主轴箱是一个复合的部件，它具有主轴及主轴旋转部件和主轴进给的全部变速和操纵机构。主轴箱可沿着摇臂上的水平导轨作径向移动。当进行加工时，可利用特殊的夹紧机构将外立柱紧固在内立柱上，摇臂紧固在外立柱上，主轴箱紧固在摇臂导轨上，然后进行钻削加工。

主运动：主轴的旋转。

进给运动：主轴的轴向进给。

摇臂钻床除主运动与进给运动外，还有外立柱、摇臂和主轴箱的辅助运动，它们都有夹紧装置和固定位置。摇臂的升降及夹紧放松由一台异步电动机拖动，摇臂的回转和主轴箱的径向移动采用手动，立柱的夹紧松开通过一台电动机拖动一台齿轮泵来供给夹紧装置所用的压力油来实现，同时通过电气联锁来实现主轴箱的夹紧与放松。

摇臂钻床的主轴旋转和摇臂升降不允许同时进行，以保证安全生产。

15.2.2　电力拖动特点及控制要求

（1）由于摇臂钻床的运动部件较多，为了简化传动装置，使用多电机拖动，主电动机承担主钻削及进给任务，摇臂升降及其夹紧放松、立柱夹紧放松和冷却泵各用一台电动机拖动。

（2）为了适应多种加工方式的要求，主轴及进给应在较大范围内调速。但这些调速都是机械调速，用手柄操作变速箱调速，对电动机无任何调速要求。从结构上看，主轴变速机构与进给变速机构应该放在一个变速箱内，而且两种运动由一台电动机拖动是合理的。

（3）加工螺纹时要求主轴能正反转。摇臂钻床的正反转一般用机械方法实现，电动机只需单方向旋转。

15.2.3　电气控制线路分析

Z3040B 摇臂钻床的电气控制线路见图 15 - 2。

1. 主电路分析

本机床的电源开关采用接触器 KM。这是由于本机床的主轴旋转和摇臂升降不用按钮操作，而采用了不自动复位的开关操作。用按钮和接触器来代替一般的电源开关，就可以具有零压保护和一定的欠电压保护作用。

主电动机 M_2 和冷却泵电机 M_1 都只需单方向旋转，所以用接触器 KM_1 和 KM_6 分别控制。立柱夹紧和松开，电动机 M_3 和摇臂升降电动机 M_4 都需要正反转，所以各用两只接触器控制。KM_2 和 KM_3 控制立柱的夹紧和松开；KM_4 和 KM_5 控制摇臂的升降。Z3040B 型摇臂钻床的四台电动机只用了两套熔断器作短路保护。只有主轴电动机具有过载保护。因立柱夹紧和松开电动机 M_3 和摇臂升降电动机 M_4 都是短时工作，故不需要用热继电器来作为过载保护。冷却泵电机 M_1 因容量很小，也没有应用保护器件。

在安装实际的机床电气设备时，应当注意三相交流电源的相序。如果三相电源的相序接错了，电动机的旋转方向就要与规定的方向不符，在开动机床时容易发生事故。Z3040B 型摇臂钻床三相电源的相序可以用立柱的夹紧机构来检查。Z3040B 型摇臂钻床立柱的夹紧和放

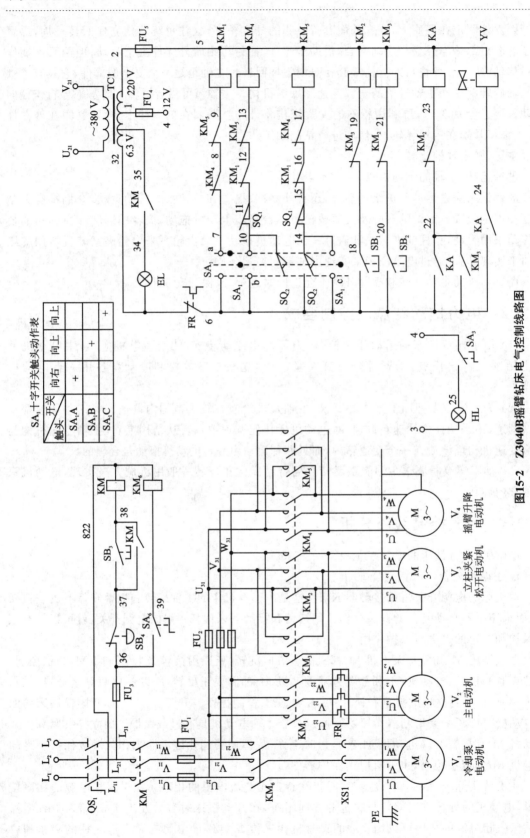

图15-2 Z3040B摇臂钻床电气控制线路图

松动作有指示标牌指示。接通机床电源,使接触器 KM 动作,将电源引入机床。然后按压立柱夹紧或放松按钮 SB_1 和 SB_2。如果夹紧和松开动作与标牌的指示相符合,就表示三相电源的相序是正确的。如果夹紧和松开动作与标牌的指示相反,则三相电源的相序一定是接错了,这时就应当关断总电源,把三相电源线中的任意两根电线对调位置接好,就可以保证相序正确。

2. 控制电路分析

（1）电源接触器和冷却泵的控制

按下按钮 SB_3,电源接触器 KM 吸合并自锁,把机床的三相电源接通。按下 SB_4,KM 断电释放,机床电源即被断开。KM 吸合后,转动 SA_6,使其接通,KM_6 则通电吸合,冷却泵电机即旋转。

（2）主轴电动机和摇臂升降电动机控制

采用十字开关操作,控制线路中的 SA_1-a、SA_1-b 和 SA_1-c 是十字开关的三个触点。十字开头的手柄有五个位置。当手柄处在中间位置,所有的触点都不通,手柄向右,触点 SA_1-a 闭合,接通主轴电动机接触器 KM_1;手柄向上,触点 SA_1-b 闭合,接通摇臂上升接触器 KM_4;手柄向下,触点 SA_1-c 闭合,接通摇臂下降接触器 KM_5。手柄向左的位置,未加利用。十字开关的使用使操作形象化,不容易误操作。十字开关操作时,一次只能占有一个位置,KM_1、KM_4、KM_5 三个接触器就不会同时通电,这就有利于防止主轴电动机和摇臂升降电动机同时启动运行,也减少了接触器 KM_4 与 KM_5 的主触点同时闭合而造成短路事故的机会。但是单靠十字开关还不能完全防止 KM_1、KM_4 和 KM_5 三个接触器的主触点同时闭合的事故。因为接触器的主触点由于通电发热和火花的影响,有时会焊住而不能释放。特别是在运作很频繁的情况下,更容易发生这种事故。这样,就可能在开关手柄改变位置的时候,一个接触器未释放,而另一个接触器又吸合,从而发生事故。所以,在控制线路上,KM_1、KM_4、KM_5 三个接触器之间都由动断触点进行联锁,使线路的动作更为安全可靠。

（3）摇臂升降和夹紧工作的自动循环

摇臂钻床正常工作时,摇臂应夹紧在立柱上。因此,在摇臂上升或下降之时,必须先松开夹紧装置。当摇臂上升或下降到指定位置时,夹紧装置又须将摇臂夹紧。本机床摇臂的松开、升或降、夹紧这个过程能够自动完成。将十字开关扳到上升位置（即向上）,触点 SA_1-b 闭合,接触器 KM_4 吸合,摇臂升降电动机启动正转。这时候,摇臂还不会移动,电动机通过传动机构,先使一个辅助螺母在丝杆上旋转上升,辅助螺母带动夹紧装置使之松开。当夹紧装置松开的时候,带动行程开关 SQ_2,其触点 SQ_2（6～14）闭合,为接通接触器 KM_5 做好准备。摇臂松开后,辅助螺母继续上升,带动一个主螺母沿着丝杆上升,主螺母则推动摇臂上升。摇臂升到预定高度,将十字开关扳到中间位置,触点 SA_1-b 断开,接触器 KM_4 断电释放。电动机停转,摇臂停止上升。由于行程开关 SQ_2（6～14）仍旧闭合着,所以在 KM_4 释放后,接触器 KM_5 即通电吸合,摇臂升降电动机即反转,这时电动机只是通过辅助螺母使夹紧装置将摇臂夹紧。摇臂并不下降。当摇臂完全夹紧时,行程开关 SQ_2（6～14）即断开,接触器 KM_5 就断电释放,电动机 M_4 停转。

摇臂下降的过程与上述情况相同。

SQ_1 是组合行程开关,它的两对动断触点分别作为摇臂升降的极限位置控制,起终端保护作用。当摇臂上升或下降到极限位置时,由撞块使 SQ_1（10～11）或 SQ_1（14～15）断开,切断接

触器 KM_4 和 KM_5 的通路,使电动机停转,从而起到了保护作用。

SQ_1 为自动复位的组合行程开关,SQ_2 为不能自动复位的组合行程开关。

摇臂升降机构除了电气限位保护以外,还有机械极限保护装置,在电气保护装置失灵时,机械极限保护装置可以起保护作用。

（4）立柱和主轴箱的夹紧控制

本机床的立柱分内外两层,外立柱可以围绕内立柱作 360° 旋转。内外立柱之间有夹紧装置。立柱的夹紧和放松由液压装置进行,电动机拖动一台齿轮泵。电动机正转时,齿轮泵送出压力油使立柱夹紧;电动机反转时,齿轮泵送出压力油使立柱放松。

立柱夹紧电动机用按钮 SB_1 和 SB_2 及接触器 KM_2 和 KM_3 控制,其控制为点动控制。按下按钮 SB_1 或 SB_2,KM_2 或 KM_3 就通电吸合,使电动机正转或反转,将立柱夹紧或放松。松开按钮,KM_2 或 KM_3 就断电释放,电动机即停止。

立柱的夹紧和松开与主轴箱的夹紧和松开有电气上的联锁。立柱松开,主轴箱也松开;立柱夹紧,主轴箱也夹紧。当按下按钮 SB_2 时,接触器 KM_3 吸合,立柱松开,KM_3（6～22）闭合,中间继电器 KA 通电吸合并自保。KA 的一个动合触点接通电磁阀 YV,使液压装置将主轴箱松开。在立柱放松的整个时期内,中间继电器 KA 和电磁阀 YV 始终保持工作状态。按下按钮 SB_1,接触器 KM_2 通电吸合,立柱被夹紧。KM_2 的动断辅助触点 KM_3（22～23）断开,KA 断电释放,电磁阀 YV 断电,液压装置将主轴箱夹紧。

在该控制线路里,我们不能用接触器 KM_2 和 KM_3 来直接控制电磁阀 YV。因为电磁阀必须保持通电状态,主轴箱才能松开。一旦 YV 断电,液压装置立即将主轴箱夹紧。KM_2 和 KM_3 均是点动工作方式,当按下按钮 SB_2 使立柱松开后,放开按钮,KM_3 断电释放,立柱不会再夹紧。这样为了使放开 SB_2 后,YV 仍能始终通电,就不能用 KM_3 来直接控制 YV,而必须用一只中间继电器 KA,在 KM_3 断电释放后,KA 仍能保持吸合,使电磁阀 YV 始终通电,从而使主轴箱始终松开。只有当按下 SB_1 时,使 KM_2 吸合,立柱夹紧,KA 才会释放,YV 才断电,主轴箱也被夹紧。

15.3 Z3040B 摇臂钻床电气线路的故障与维修

摇臂钻床的工作过程是通过电气与机械、液压系统紧密结合实现的。因此,在维修中不仅要注意电气部分能否正常工作,也要注意它与机械和液压部分的协调关系。在表 15-1 所列故障分析表中仅分析摇臂钻床的电气故障。（注:故障不能一一列举,故仅举一部分作说明）。

表 15-1 故障分析表

故障现象	故障原因	故障检修
操作时一点反应也没有	1. 电源没有接通; 2. FU_3 烧断或 L_{11}、L_{21} 导线有断路或脱落	1. 检查插头、电源引线、电源闸刀; 2. 检查 FU_3、L_{11}、L_{21} 线
按 SB_3,KM 不能吸合,但操作 SA_6,KM_6 能吸合	36—37—38—KM 线圈—L_{11} 中有断路或接触不良	用万用表电阻挡对相关线路进行测量

故障现象	故障原因	故障检修
控制电路不能工作	1. FU_5 烧断; 2. FR 因主轴电机过载而断开; 3. 5 号线或 6 号线断开; 4. TC_1 变压器线圈断路; 5. TC_1 初级进线 U_{21}、V_{21} 中有断路; 6. KM 接触器中 L_1 相或 L_2 相主触点烧坏; 7. FU_1 中 U_{11}、V_{11} 相熔断	1. 检查 FU_5; 2. 对 FR 进行手动复位; 3. 查 5、6 号线; 4. 查 TC_1; 5. 查 U_{21}、V_{21} 线; 6. 检查 KM 主触点并修复或更换; 7. 检查 FU_1
主轴电机不能启动	1. 十字开关接触不良; 2. $KM_4(7\sim8)$、$KM_5(8\sim9)$ 常闭触点接触不良; 3. KM_1 线圈损坏;	1. 更换十字开关; 2. 调整触点位置或更换触点; 3. 更换线圈
主轴电机不能停转	KM_1 主触点熔焊	更换触点
摇臂升降后,不能夹紧	1. SQ_2 位置不当; 2. SQ_2 损坏; 3. 连到 SQ_2 的 6、10、14 号线中有脱落或断路	1. 调整 SQ_2 位置; 2. 更换 SQ_2; 3. 检查 6、10、14 号线
摇臂升降方向与十字开关标志的扳动方向相反	摇臂升降电机 M_4 相序接反	更换 M_4 相序
立柱能放松,但主轴箱不能放松	1. $KM_3(6\sim22)$ 接触不良; 2. $KA(6\sim22)$ 或 $KA(6\sim24)$ 接触不良; 3. $KM_2(22\sim23)$ 常闭触点不通; 4. KA 线圈损坏; 5. YV 线圈开路; 6. 22、23、24 号线中有脱落或断路	用万用表电阻挡检查相关部位并修复

15.4　Z3040B 摇臂钻床电气模拟装置的试运行操作

1. 准备工作

(1) 查看装置背面各电气元件上的接线是否紧固,各熔断器是否安装良好;

(2) 独立安装好接地线,设备下方垫好绝缘垫,将各开关置分断位;

(3) 插上三相电源。

2. 操作试运行

(1) 使装置中漏电保护部分接触器先吸合,再合上 QS_1;

(2) 按下 SB_3,KM 吸合,电源指示灯亮,说明机床电源已接通,同时主轴箱夹紧指示灯亮,说明 YV 没有通电;

（3）转动 SA_6，冷动泵电机工作，相应指示灯亮；转动 SA_3，照明灯亮；

（4）十字开关手柄向右，主轴电机 M_2 旋转，手柄回到中间 M_2 即停；

（5）十字开关手柄向上，摇臂升降电机 M_4 正转，相应指示灯亮，再把 SQ_2 置于"上夹"位置，这是模拟实际中摇臂松开操作；然后再把十字开关手柄扳回中间，M_4 应立即反转，对应指示灯亮，最后把 SQ_2 置中间位置，M_4 停转，这是模拟摇臂上升到指定高度后夹紧操作。以上即为摇臂上升和夹紧工作的自动循环。实际机床中，SQ_2 能自行动作，模拟装置中靠手动模拟。摇臂下降与夹紧的自动循环与前面过程相类似。（十字开关向下，SQ_2 置"下夹"）SQ_1 起摇臂升降的终端保护作用。

（6）按下 SB_1，立柱夹紧、松开，电机 M_3 正转，立柱夹紧，对应指示灯亮。放开按钮 SB_1，M_3 即停。

（7）按下 SB_2，M_3 反转，立柱放松，相应指示灯亮，同时 KA 吸合并自锁，主轴箱放松，相应指示灯亮；松开按钮，M_3 即停转，但 KA 仍吸合，主轴箱放松指示灯始终亮，要使主轴箱夹紧，可再按一下 SB_1。

注：（6）、（7）即为立柱和主轴箱的夹紧、松开控制（两者有电气上的联锁）。

（8）按下 SB_4，机床电源即被切断。

15.5　Z3040B 摇臂钻床电气控制线路故障排除练习

实训时，实训指导老师将在装置上设置 2～3 个故障，学生独立完成故障排除工作。

1. 操作时断电操作，根据工作原理逐步缩小故障范围。

2. 不得扩大故障范围。

3. 需要通电检查时，需实训指导老师同意并在其监督下操作检修。

4. 排除故障时，必须修复故障点，不得采用更换电气元件、借用触点及改动线路的方法；否则，按不能排除故障点扣分。

15.6　练习评分

评分标准如表 15-2 所列。

表 15-2　评分记录表

序 号	考核内容	考核要点	配 分	考核标准	扣 分	得 分
1	调查研究	对每个故障现象进行调查研究	2	排除故障前不进行调查研究，扣2分		
2	读图与分析	在电气控制线路图上分析故障可能的原因，思路正确	6	1. 错标或标不出故障范围，每个故障点扣2分，6分扣完为止。 2. 不能标出最小的故障范围，每个故障点扣2分，6分扣完为止		

续表 15－2

序　号	考核内容	考核要点	配　分	考核标准	扣　分	得　分
3	故障排除	找出故障点并排除故障	18	1. 实际排除故障中思路不清楚，每个故障点扣 2 分。 2. 每少查出 1 处故障点，扣 4 分。 3. 每少排除 1 处故障点，扣 3 分。 4. 排除故障方法不正确，每处扣 1 分。 5. 18 分扣完为止		
4	工具、量具及仪器、仪表	根据工作内容正确使用工具和仪表	1	工具或仪表使用错误，扣 1 分		
5	材料选用	根据工作内容正确选用材料	1	材料选用错误，扣 1 分		
6	劳动保护与安全文明生产	1. 劳动保护用品穿戴整齐。 2. 电工工具佩带齐全。 3. 遵守操作规程；尊重考评员，讲文明礼貌	2	1. 劳动保护用品穿戴不全，扣 1 分。 2. 考试中，违反安全文明生产考核要求的，任何一项，扣 1 分，扣完为止。 3. 当考评员发现考生有重大人身事故隐患时，要立即予以制止，并扣考生安全文明生产总分 3 分		
7	备注	操作有错误，要从此项总分中扣分		1. 排除故障时，产生新的故障后不能自行修复，每个扣 10 分；已经修复，每个扣 5 分。 2. 损坏设备，扣 20 分		
	合计		30			

技术要求：
1. 调查研究：对每个故障现象进行调查研究。
2. 故障分析：在电气控制线路上分析故障可能的原因，思路正确。
3. 故障排除：正确使用工具和仪表，找出故障点并排除故障

学习情境 16　实训 12：西门子 PLC 应用基础

16.1　PLC 内外部电路

16.1.1　外部电路接线

图 16-1 所示为电动机全压启动控制的接触器电气控制线路图。控制逻辑由交流接触器 KM 线圈、指示灯 HL_1 与 HL_2、热继电器常闭触点 FR、停止按钮 SB_2、启动按钮 SB_1 及接触器常开辅助触点 KM 通过导线连接实现。

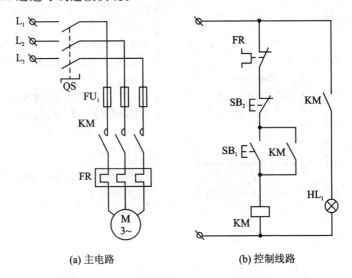

(a) 主电路　　　　　　　　　　(b) 控制线路

图 16-1　电动机全压启动电气控制线路图

合上 QS 后按下启动按钮 SB_1，则线圈 KM 通电并自锁，接通指示灯 HL_1 所在支路的辅助触点 KM 及主电路中的主触点，HL_1 亮、电动机 M 启动；按下停止按钮 SB_2，则线圈 KM 断电，指示灯 HL_1 灭、M 停转。

图 16-2 所示为采用 SIEMENS 的一款 S7 系列 PLC 实现电动机全压启动控制的外部接线图。

主电路保持不变，热继电器常闭触点 FR、停止按钮 SB_2、启动按钮 SB_1 等作为 PLC 的输入设备接在 PLC 的输入接口上，而交流接触器 KM 线圈、指示灯 HL_1 与 HL_2 等作为 PLC 的输出设备接在 PLC 的输出接口上。按制逻辑通过执行程序存储器内的用户程序实现。

16.1.2　建立内部 I/O 映像区

在 PLC 存储器内开辟了 I/O 映像存储区，用于存放 I/O 信号的状态，分别称为输入映像寄存器和输出映像寄存器；此外 PLC 其他编程元件也有相对应的映像存储器，称为元件映像

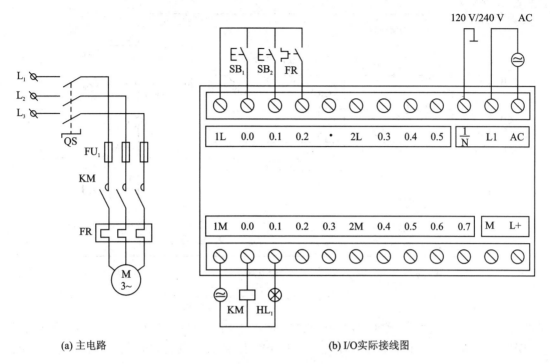

(a) 主电路　　　　　　　　　　　　　　(b) I/O实际接线图

图 16 - 2　电动机全压启动 PLC 控制接线图

寄存器。

　　I/O映像区的大小由 PLC 的系统程序确定,对于系统的每一个输入点总有一个输入映像区的某一位与之相对应,对于系统的每一个输出点也都有输出映像区的某一位与之相对应,且系统的输入/输出点的编址号与 I/O 映像区的映像寄存器地址号也对应。

　　PLC 工作时,将采集到的输入信号状态存放在输入映像区对应的位上,运算结果存放到输出映像区对应的位上,PLC 在执行用户程序时所需描述输入继电器的等效触点或输出继电器的等效触点,等效线圈状态的数据取用于 I/O 映像区,而不直接与外部设备发生关系。

　　I/O映像区的建立使 PLC 工作时只和内存有关地址单元内所存的状态数据发生关系,而系统输出也只是给内存某一地址单元设定一个状态数据。这样不仅加快了程序执行速度,而且使控制系统与外界隔开,提高了系统的抗干扰能力。

16.1.3　内部等效电路

　　图 16 - 3 所示为 PLC 的内部等效电路,以其中的启动按钮 SB$_1$ 为例,其接入接口 I0.0 与输入映像区的一个触发器 I0.0 相连接,当 SB$_1$ 接通时,触发器 I0.0 就被触发为“1”状态,而这个“1”状态可被用户程序直接引用为 I0.0 触点的状态,此时 I0.0 触点与 SB$_1$ 的通断状态相同,则 SB$_1$ 接通,I0.0 触点状态为“1”;反之 SB$_1$ 断开,I0.0 触点状态为“0”。由于 I0.0 触发器功能与继电器线圈相同且不用硬连接线,所以 I0.0 触发器等效为 PLC 内部的一个 I0.0 软继电器线圈,直接引用 I0.0 线圈状态的 I0.0 触点就等效为一个受 I0.0 线圈控制的常开触点(或称为动合触点)。

　　同理,停止按钮 SB$_2$ 与 PLC 内部的一个软继电器线圈 I0.1 相连接,SB$_2$ 闭合,线圈 I0.1

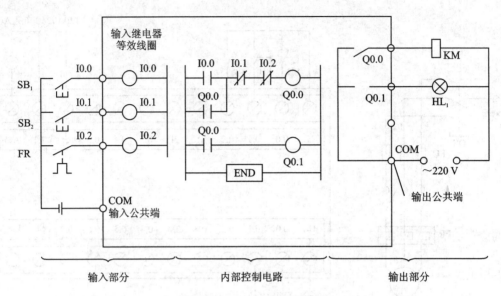

图 16 - 3　PLC 内部等效电路

的状态为"1"；反之为"0"。继电器线圈 I0.1 的状态被用户程序取反后引用为 I0.1 触点的状态，所以 I0.1 等效为一个受 I0.1 线圈控制的常闭触点（或称动断触点）。输出触点 Q0.0、Q0.1 是 PLC 内部继电器的物理常开触点，一旦闭合，外部相应的 KM 线圈、指示灯 HL_1 就会接通。PLC 输出端有输出电源用的公共接口 COM。

16.2　PLC 控制系统

用 PLC 实现电动机全压启动电气控制系统，其主电路基本保持不变，而用 PLC 替代电气控制线路。

16.2.1　PLC 控制系统的构成

图 16 - 4 所示为电动机全压启动的 PLC 控制系统基本构成框图，可将它分成输入电路、内部控制电路和输出电路三部分。

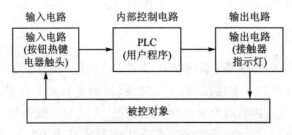

图 16 - 4　PLC 控制系统基本构成框图

1. 输入电路

输入电路的作用是将输入控制信号送入 PLC，输入设备为按钮 SB_1、SB_2 及 FR 常闭触点。外部输入的控制信号经 PLC 输入到对应的一个输入继电器，输入继电器可提供任意多个常开触点和常闭触点，供 PLC 内的控制电路编程使用。

2. 输出电路

输出电路的作用是将 PLC 的输出控制信号转换为能够驱动线圈 KM 和指示灯 HL_1 的信号。PLC 内部控制电路中有许多输出继电器，每个输出继电器除了 PLC 内部控制电路提供编程用的常开触点和常闭触点外，还为输出电路提供一个常开触点与输出端口相连，该触点称为内部硬触点，是一个内部物理常开触点。通过该触点驱动外部的线圈 KM 和指示灯 HL_1 等负载，而 KM 线圈再通过主电路中 KM 主触点去控制电动机 M 的启动与停止。驱动负载的电源由外电部电源提供，PLC 的输出端口中还有输出电源用的 COM 公共端。

3. 内部控制电路

内部控制电路由按照被控电动机实际控制要求编写的用户程序形成，其作用是按照用户程序规定的逻辑关系，对输入、输出信号的状态进行计算、处理和判断，然后得到相应的输出控制信号，通过控制信号驱动输出设备：电动机 M、指示灯 HL_1 等。

用户程序通过个人计算机通信或编程器输入等方式，把程序语句全部写到 PLC 的用户程序存储器中。用户程序的修改只需通过编程器等设备改变存储器中的某些语句，不会改变控制器内部接线，实现了控制的灵活性。

16.2.2　PLC 控制梯形图

梯形图是一种将 PLC 内部等效成由许多内部继电器的线圈、常开触点、常闭触点或功能程序块等组成的等效控制线路。图 16-5 所示为 PLC 梯形图常用的等效控制元件符号。

图 16-6 所示为电动机全压启动的 PLC 控制梯形图，由 FR 常闭触点、SB2 常闭按钮、KM 常开辅助触点与 SB1 常开按钮的并联单元、KM 线圈等零件对应的等效控制元件符号串联而成。电动机全压启动控制梯形在形式上类似于接触器电气控制线路图，但也与电气控制线路图存在许多差异。

(a) 线　圈　　(b) 常开触头　　(c) 常闭触头

图 16-5　梯形图常用等效控制元件符号　　**图 16-6　电动机全压启动控制梯形图**

1. 梯形图中继电气元件的物理结构不同于电气元件

PLC 梯形图中的线圈、触点只是功能上与电气元件的线圈、触点等效。梯形图中的线圈、触点在物理意义上只是输入、输出存储器中的一个存储位，与电气元件的物理结构不同。

2. 梯形图中继电气元件的通断状态不同于电气元件

梯形图中继电气元件的通断状态与相应存储位上保存的数据相关，如果该存储位的数据为"1"，则该元件处于"通"状态；如果该位数据为"0"，则表示处于"断"状态。与电气元件实际的通断状态不同。

3. 梯形图中继电气元件的状态切换过程不同于电气元件

梯形图中继电气元件的状态切换只是 PLC 对存储位的状态数据的操作,如果 PLC 对常开触点等效的存储位数据赋值为"1",就完成动合操作过程;如果 PLC 对常闭触点等效的存储位数据赋值为"0",就可完成动断操作过程,切换操作过程没有时间延时。而电气元件线圈、触点进行动合或动断切换时,必定有时间延时,且一般要经过先断开后闭合的操作过程。

4. 梯形图中继电器所属触点数量与电气元件不同

如果 PLC 从输入继电器 I0.0 相应的存储位中取出了位数据"0",将之存入另一个存储器中的一个存储位,被存入的存储位就成了受 I0.0 继电器控制的一个常开触点,被存入的数据为"0";如在取出位数据"0"之后先进行取反操作,再存入一个存储器的一个存储位,则该位存入的数据为"1",该存储位就成了受继电器 I0.0 控制的一个常闭触点。

只要 PLC 内部存储器足够多,这种位数据转移操作就可无限次进行,而每进行一次操作,就可产生一个梯形图中的继电器触点。由此可见,梯形图中继电器触点原则上可以无限次反复使用。但是 PLC 内部的线圈通常只能引用一次,如需重复使用同一地址编号的线圈应慎之又慎。与 PLC 不同的是,电气元件中的触点数量是有限的。

梯形图每一行的画法规则如下:从左母线开始,经过触点和线圈(或功能方框),终止于右母线。一般并联单元画在每行的左侧,输出线圈则画在右侧,其余串联元件画在中间。

16.3　PLC 工作过程

PLC 上电后,在系统程序的监控下,周而复始地按一定的顺序对系统内部的各种任务进行查询、判断和执行等,见图 16-7。

1. 上电初始化

PLC 上电后,首先对系统进行初始化,包括硬件初始化、I/O 模块配置检查、停电保持范围设定、清除内部继电器及复位定时器等。

2. CPU 自诊断

在每个扫描周期须进行自诊断,通过自诊断对电源、PLC 内部电路、用户程序的语法等进行检查,一旦发现异常,CPU 使异常继电器接通,PLC 面板上的异常指示灯 LED 亮,内部特殊寄存器中存入出错代码并给出故障显示标志。如果不是致命错误,则进入 PLC 的停止(STOP)状态;如果出现致命错误,则 CPU 被强制停止,等待错误排除后才转入 STOP 状态。

3. 与外部设备通信

与外部设备通信阶段,PLC 与其他智能装置、编程器、终端设备、彩色图形显示器、其他PLC 等进行信息交换,然后进行 PLC 工作状态的判断。

PLC 有 RUN 和 STOP 两种工作状态:如果 PLC 处于 STOP 状态,则不执行用户程序,将通过与编程器等设备交换信息,完成用户程序的编辑、修改及调试任务;如果 PLC 处于 RUN状态,则将进入扫描过程,执行用户程序。

4. 扫描过程

以扫描方式把外部输入信号的状态存入输入映像区,再执行用户程序,并将执行结果输出存入输出映像区,直到传送到外部设备。

PLC 上电后周而复始地执行上述工作过程,直至断电停机。

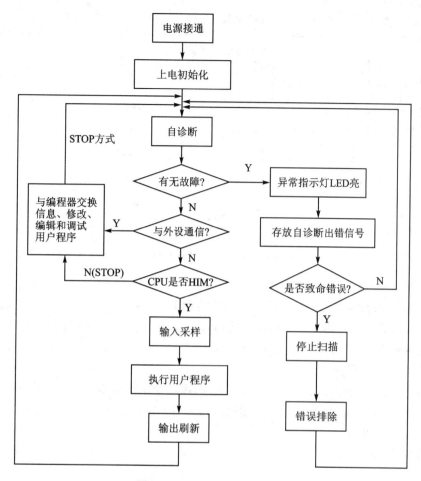

图 16 - 7　PLC 顺序循环过程

16.4　用户程序循环扫描

PLC 对用户程序进行循环扫描分为输入采样、程序执行和输出刷新三个阶段,见图 16 - 8。

1. 输入采样阶段

CPU 将全部现场输入信号(如按钮、限位开关、速度继电器的通断状态)经 PLC 的输入接口读入映像寄存器,这一过程称为输入采样。输入采样结束后进入程序执行阶段,期间即使输入信号发生变化,输入映像寄存器内的数据也不再随之变化,直至一个扫描循环结束,下一次输入采样时才会更新。这种输入工作方式称为集中输入方式。

2. 执行阶段

PLC 在程序执行阶段,若不出现中断或跳转指令,则根据梯形图程序从首地址开始按自上而下、从左往右地进行逐条扫描执行。扫描过程中分别从输入映像寄存器、输出映像寄存器以及辅助继电器中将有关编程元件的状态数据"0"或"1"读出,并根据梯形图规定的逻辑关系执行相应的运算。运算结果写入对应的元件映像寄存器中保存;需要向外输出的信号则存入输出映像寄存器,并由输出锁存器保存。

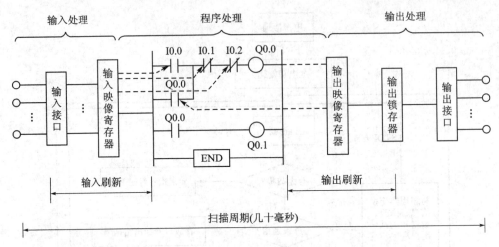

图 16 - 8　PLC 用户程序扫描过程

3. 输出处理阶段

CPU 将输出映像寄存器的状态经输出锁存器和 PLC 的输出接口传送到外部去驱动接触器和指示灯等负载。这时输出锁存器保存的内容要等到下一个扫描周期的输出阶段才会被再次刷新。这种输出工作方式称为集中输出方式。

4. PLC 扫描过程示例

梯形图将以指令语句表的形式存储在 PLC 的用户程序存储器中。指令语句表是 PLC 的另一种编程语言,由一系列操作指令组成的表描述 PLC 的控制流程,不同的 PLC 指令语句表使用的助记符并不相同。

采用西门子 S7 - 200 系列 PLC 指令语句表编写的电动机全压启动梯形图的功能程序如下:

```
A(
    O       I0.0           //取 I0.0,存入运算堆栈
    O       Q0.0           //Q0.0 和堆栈内数据进行或运算,结果存入堆栈
            )
    AN      I0.1           //I0.1 取非后和堆栈内数据进行与运算,结果存入堆栈
    AN      I0.2           //I0.2 取非后和堆栈内数据进行与运算,结果存入堆栈
    =       Q0.0           //将堆栈内数据送到输出映像寄存器 Q0.0
    A       Q0.0           //取出 Q0.0 数据存入堆栈
    =       Q0.1           //将堆栈内数据送到输出映像寄存器 Q0.1
    MEND                   //主程序结束
```

指令语句表是由若干条语句组成的程序,语句是程序的最小独立单元。每个操作功能由一条或几条语句执行。PLC 语句由操作码和操作数两部分组成。操作码用助记符表示(如 A 表示"取",O 表示"或"等),用于说明要执行的功能,即告之 CPU 应执行何种操作。操作码主要的功能有逻辑运算中的与、或、非,算术运算中的加、减、乘、除,时间或条件控制中的计时、计数、移位等功能。

操作数一般由标识符和参数组成。标识符表示操作数的类别,例如输入继电器、输出继电器、定时器、计数器、数据寄存器等;而参数表示操作数的地址或一个预先设定值。

以电动机全压启动 PLC 控制系统(如图 16 - 9 所示)为例,在输入采样阶段,CPU 将 SB$_1$、

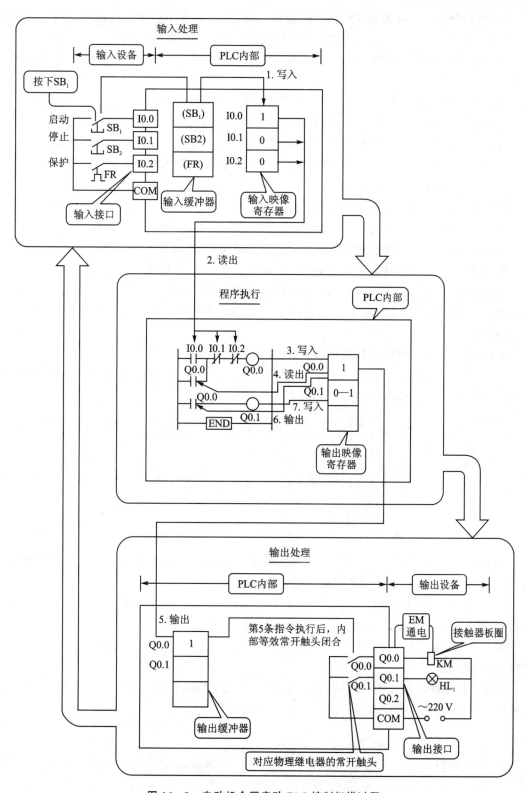

图 16 - 9　电动机全压启动 PLC 控制扫描过程

SB_2 和 FR 的触点状态读入相应的输入映像寄存器,外部触点闭合时存入寄存器的是二进制数"1",反之存入"0"。输入采样结束进入程序执行阶段,见图 16 - 9。

执行第 1、2 条指令时,从 I0.0 对应的输入映像寄存器中取出信息"1"或"0",并存入称为"堆栈"的操作器中。

执行第 3 条指令时,取出 Q0.0 对应的输出映像寄存器中的信息"1"或"0",并与堆栈中的内容相"或",结果再存入堆栈中(电路的并联对应"或"运算)。

执行第 4、5 条指令时,先取出 I0.1 的状态数据进行非运算,再和堆栈中的数据相"与"后存入堆栈,然后取出 I0.2 的状态数据进行取非运算,再和堆栈中的数据相"与"后再次存入堆栈(电路中的串联对应"与"运算)。

执行第 6 条指令时,将堆栈中的二进制数据送入 Q0.0 对应的输出映像寄存器中。

执行第 7 条指令时,取出 Q0.0 输出映像寄存器中的二进制数据存入堆栈。

执行第 8 条指令时,取出堆栈中的二进制数据送入 Q2.0 对应的映像寄存器中。

执行第 9 条指令时,结束用户程序的一次循环扫描过程,开始下一次扫描过程。

在输出处理阶段,CPU 将各输出映像寄存器中的二进制数传送给输出锁存器。如果 Q0.0、Q0.1 对应的输出映像寄存器存放的二进制数为"1",则外接的线圈 KM、指示灯 HL_1 通电;反之,将断电。

5. 继电器控制与 PLC 控制的差异

PLC 程序的工作原理可简述为"由上至下,由左至右,循环往复,顺序执行"。其与继电器控制线路的并行控制方式存在差别,见图 16 - 10。

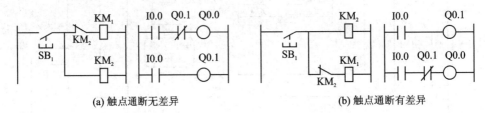

(a) 触点通断无差异   (b) 触点通断有差异

图 16 - 10　梯形图与继电器图控制触点通断状态分析

图 16 - 10(a)控制图中,如果为继电器控制线路,则由于是并行控制方式,首先是线圈 Q0.0 与线圈 Q0.1 均通电,然后因为常闭触点 Q0.1 的断开,导致线圈 Q0.0 断电。

如果为梯形图控制线路,则当 I0.0 接通后,线圈 Q0.0 通电,然后是 Q0.1 通电,完成第 1 次扫描;进入第 2 次扫描后,线圈 Q0.0 因常闭触点 Q0.1 断开而断电,而 Q0.1 通电。

图 16 - 10(b)控制图中,如果为继电器控制线路,则线圈 Q0.0 与线圈 Q0.1 首先均通电,然后 Q0.1 断电。

如果为梯形图控制线路,则触点 I0.0 接通,线圈 Q0.1 通电,然后进行第 2 行扫描,结果因为常闭触点 Q0.1 断开,所以线圈 Q0.0 始终不能通电。

学习情境 17 实训 13:西门子 PLC 系统设计

PLC 控制系统设计一般可以分为以下几步:熟悉控制对象并计算输入/输出设备、PLC 选型及确定硬件配置、设计电气原理图、设计控制台(柜)、编制控制程序、程序调试和编制技术文件。

17.1 明确控制要求,了解被控对象的工艺过程

熟悉控制对象,设计工艺布置图,这一步是系统设计的基础。首先应详细了解被控对象的工艺过程和它对控制系统的要求,各种机械、液压、气动、仪表、电气系统之间的关系,系统工作方式(如自动、半自动、手动等),PLC 与系统中其他智能装置之间的关系,人机界面的种类,通信联网的方式,报警的种类与范围,电源停电及紧急情况的处理等。

此阶段,还要选择用户输入设备(按钮、操作开关、限位开关、传感器等)、输出设备(继电器、接触器、信号指示灯等执行元件),以及由输出设备驱动的控制对象(电动机、电磁阀等)。

同时,还应确定哪些信号需要输入给 PLC,哪些负载由 PLC 驱动,并分类统计出各输入量和输出量的性质及数量,是数字量还是模拟量,是直流量还是交流量,以及电压的大小等级,为 PLC 的选型和硬件配置提供依据。

最后,将控制对象和控制功能进行分类,可按信号用途或按控制区域进行划分,确定检测设备和控制设备的物理位置,分析每一个检测信号和控制信号的形式、功能、规模、相互之间的关系。信号点确定后,设计出工艺布置图或信号图。

17.2 PLC 控制系统的硬件设计

随着 PLC 的推广与普及,PLC 产品的种类和数量越来越多。从国外引进的 PLC 产品、国内厂家或自行开发的产品已有几十个系列、上百种型号。PLC 品种繁多,其结构形式、性能、容量、指令系统、编程方法、价格等各有不同,使用场合也各有侧重。因此,合理选择 PLC 对于提高 PLC 控制系统的技术经济指标起着重要作用。

1. PLC 机型的选择

PLC 机型的选择应在满足控制要求的前提下,保证性能可靠、维护使用方便以及最佳的性能价格比。具体应考虑以下几方面:

(1) 性能与任务相适应

对于小型单台、仅需要数字量控制的设备,一般的小型 PLC(如西门子公司的 S7 - 200 系列、OMRON 公司的 CP1/CJ1 系列、三菱公司的 FX 系列等)都可以满足要求。

对于以数字量控制为主、带少量模拟量控制的应用系统,如工业生产中常遇到的温度、压力、流量等连续量的控制,应选用带有 A/D 转换的模拟量输入模块和带 D/A 转换的模拟量输出模块,配接相应的传感器、变送器(对温度控制系统可选用温度传感器直接输入的温度模块)

和驱动装置,并选择运算、数据处理功能较强的小型 PLC(如西门子公司的 S7-200 或 S7-300 系列、OMRON 的公司的 CP1/CJ1 系列等)。

对于控制比较复杂,控制功能要求更高的工程项目,例如要求实现 PID 运算、闭环控制、通信联网等功能,可视控制规模及复杂程度,选用中档或高档机(如西门子公司的 S7-300 或 S7-400 系列、OMRON 的公司的 CV/CVM1 系列等)。

(2)结构合理、安装方便、机型统一

按照物理结构,PLC 分为整体式和模块式。整体式中每一个 I/O 点的平均价格比模块式的低,所以人们一般倾向于在小型控制系统中采用整体式 PLC。但是模块式 PLC 的功能扩展方便灵活,I/O 点数的多少、输入点数与输出点数的比例、I/O 模块的种类和块数、特殊 I/O 模块的使用等方面的选择余地都比整体式 PLC 大得多,维修时更换模块、判断故障范围也很方便。因此,对于较复杂的和要求较高的系统一般应选用模块式 PLC。

根据 I/O 设备与 PLC 之间的距离和分布范围,确定 PLC 的安装方式为集中式、远程 I/O 式还是多台 PLC 联网的分布式。

对于一个企业,控制系统设计中应尽量做到机型统一。因为同一机型的 PLC,其模块可互为备用,便于备品备件的采购与管理;其功能及编程方法统一,有利于技术力量的培训、技术水平的提高和功能的开发;其外部设备通用,资源可共享。使用同一机型 PLC 的另一个好处是,在使用上位计算机对 PLC 进行管理和控制时,通信程序的编制比较方便。这样,容易把各独立的多台 PLC 联成一个多级分布式系统,相互通信,集中管理,充分发挥网络通信的优势。

(3)是否满足响应时间的要求

由于现代 PLC 有足够高的速度处理大量的 I/O 数据和解算梯形图逻辑,因此对于大多数应用场合来说,PLC 的响应时间并不是主要的问题。然而,对于某些个别的场合,则要求考虑 PLC 的响应时间。为了缩短 PLC 的 I/O 响应延迟时间,可以选用扫描速度高的 PLC,使用高速 I/O 处理这一类功能指令,或选用快速响应模块和中断输入模块。

(4)对联网通信功能的要求

近年来,随着工厂自动化的迅速发展,企业内小到一块温度控制仪表的 RS-485 串行通信,大到一套制造系统的以太网管理层的通信,应该说一般的电气控制产品都有了通信功能。PLC 作为工厂自动化的主要控制器件,大多数产品都具有通信联网能力。选择时应根据需要选择通信方式。

(5)其他特殊要求

考虑被控对象对于模拟量的闭环控制、高速计数、运动控制和人机界面(HMI)等方面的特殊要求,可以选用有相应特殊 I/O 模块的 PLC。对可靠性要求极高的系统,应考虑是否采用冗余控制系统或热备份系统。

2. PLC 容量估算

PLC 的容量有 I/O 点数和用户存储器的存储容量两方面的含义。在选择 PLC 型号时不应盲目追求过高的性能指标,但是在 I/O 点数和存储器容量方面除了要满足控制系统要求外,还应留有余量,以作为备用或系统扩展时使用。

(1)I/O 点数的确定

PLC 的 I/O 点数的确定应以系统实际的输入/输出点数为基础。在确定 I/O 点数时,应留有适当余量。通常 I/O 点数可按实际需要的 10%～25% 考虑余量;当 I/O 模块较多时,一般按上述比例留出备用模块。

（2）存储器容量的确定

用户程序占用多少存储容量与许多因素有关，如 I/O 点数、控制要求、运算处理量、程序结构等。因此在程序编制前只能粗略地估算。

3. I/O 模块的选择

在 PLC 控制系统中，为了实现对生产过程的控制，要将对象的各种测量参数按要求的方式送入 PLC。PLC 经过运算、处理后，再将结果以数字量的形式输出，此时也要把该输出变换为适合于对生产过程进行控制的量。所以，在 PLC 和生产过程之间，必须设置信息的传递和变换装置。这个装置就是输入/输出（I/O）模块。不同的信号形式，需要不同类型的 I/O 模块。对 PLC 来讲，信号形式可分为四类。

（1）数字量输入信号

生产设备或控制系统的许多状态信息，如开关、按钮、继电器的触点等，它们只有两种状态：通或断，对这类信号的读取需要通过数字量输入模块来实现。输入模块最常见的为 24 V 直流输入，还有直流 5 V、12 V、48 V，交流 115 V/220 V 等。按公共端接入正负电位不同分为漏型和源型。有的 PLC 既可以源型接线，也可以漏型接线，比如 S7 - 200。当公共端接入负电位时，就是源型接线；接入正电位时，就是漏型接线。有的 PLC 只能接成其中一种。

（2）数字量输出信号

还有许多控制对象，如指示灯的亮和灭、电机的启动和停止、晶闸管的通和断、阀门的打开和关闭等，对它们的控制只需通过二值逻辑"1"和"0"来实现。这种信号通过数字量输出模块去驱动。数字量输出模块按输出方式不同分为继电器输出型、晶体管输出型、晶闸管输出型等。此外，输出电压值和输出电流值也各有不同。

（3）模拟量输入信号

生产过程的许多参数，如温度、压力、液位、流量都可以通过不同的检测装置转换为相应的模拟量信号，然后再将其转换为数字信号输入 PLC。完成这一任务的就是模拟量输入模块。

（4）模拟量输出信号

生产设备或过程的许多执行机构，往往要求用模拟信号来控制，而 PLC 输出的控制信号是数字量，这就要求有相应的模块将其转换为模拟量。这种模块就是模拟量输出模块。

典型模拟量模块的量程为 $-10 \sim +10$ V、$0 \sim +10$ V、$4 \sim 20$ mA 等，可根据实际需要选用，同时还应考虑其分辨率和转换精度等因素。一些 PLC 制造厂家还提供特殊模拟量输入模块，可用来直接接收低电平信号（如热电阻 RTD、热电偶等信号）

此外，有些传感器如旋转编码器输出的是一连串的脉冲，并且输出的频率较高（20 kHz 以上），尽管这些脉冲信号也可算作数字量，但普通数字量输入模块不能正确地对其检测，所以应选择高速计数模块。

不同的 I/O 模块，其电路和性能不同，它直接影响着 PLC 的应用范围和价格，应该根据实际情况合理选择。

4. 分配 I/O 点

PLC 机型及 I/O 模块选择完毕后，首先，设计出 PLC 系统总体配置图；然后依据工艺布置图，参照具体的 PLC 相关说明书或手册将输入信号与输入点、输出控制信号与输出点一一对应画出 I/O 接线图，即 PLC 输入/输出电气原理图。

PLC机型选择完后I/O点数的多少是决定控制系统价格及设计合理性的重要因素,因此在完成同样控制功能的情况下,可通过合理设计以简化I/O点数。

5. 安全回路设计

安全回路是保护负载或控制对象以及防止操作错误或控制失败而进行联锁控制的回路。在直接控制负载的同时,安全保护回路还给PLC输入信号,以便于PLC进行保护处理。安全回路一般考虑以下几方面:

(1) 短路保护

应该在PLC外部输出回路中装上熔断器,进行短路保护。最好在每个负载的回路中都装上熔断器。

(2) 互锁与联锁措施

除在程序中保证电路的互锁关系,PLC外部接线中还应该采取硬件的互锁措施,以确保系统安全可靠地运行。

(3) 失压保护与紧急停车措施

PLC外部负载的供电线路应具有失压保护措施,当临时停电再恢复供电时,不按下"启动"按钮,PLC的外部负载就不能自行启动。这种接线方法的另一个作用是,当特殊情况下需要紧急停机时,按下"急停"按钮就可以切断负载电源,同时将"急停"信号输入PLC。

(4) 极限保护

在有些如提升机类超过限位就有可能产生危险的情况下,设置极限保护,当极限保护动作时直接切断负载电源,同时将信号输入PLC。

17.3 PLC控制系统的软件设计

软件设计是PLC控制系统设计的核心。要设计好PLC的应用软件,必须充分了解被控对象的生产工艺、技术特性、控制要求等。通过PLC的应用软件完成系统的各项控制功能。

1. PLC应用软件设计的内容

PLC的应用软件设计是指根据控制系统硬件结构和工艺要求,使用相应的编程语言,对用户控制程序的编制和相应文件的形成过程。主要内容包括:确定程序结构;定义输入/输出、中间标志、定时器、计数器和数据区等参数表;编制程序;编写程序说明书。PLC应用软件设计还包括文本显示器或触摸屏等人机界面(HMI)设备及其他特殊功能模块的组态。

2. 熟悉被控对象,制定设备运行方案

在系统硬件设计基础上,根据生产工艺的要求,分析各输入/输出与各种操作之间的逻辑关系,确定检测量和控制方法,并设计出系统中各设备的操作内容和操作顺序。对于较复杂的系统,可按物理位置或控制功能将系统分区控制。较复杂系统一般还需画出系统控制流程图,用于清楚地表明动作的顺序和条件。简单系统一般不用。

3. 熟悉编程语言和编程软件

熟悉编程语言和编程软件是进行程序设计的前提。这一步骤的主要任务是根据有关手册详细了解所使用的编程软件及其操作系统,选择一种或几种合适的编程语言形式,并熟悉其指令系统和参数分类,尤其注意那些在编程中可能要用到的指令和功能。

熟悉编程语言最好的办法就是上机操作,并编制一些试验程序,在模拟平台上进行试运行,以便详尽地了解指令的功能和用途,为后面的程序设计打下良好的基础,避免走弯路。

4.定义参数表

参数表的定义包括对输入/输出、中间标志、定时器、计数器和数据区的定义。参数表的定义格式和内容因系统和个人爱好的不同有所不同,但所包含的内容基本是相同的。总的设计原则是便于使用,尽可能详细。

程序编制开始以前必须首先定义输入/输出信号表,主要依据是 PLC 输入/输出电气原理图。每一种 PLC 的输入点编号和输出点编号都有自己明确的规定,在确定了 PLC 型号和配置后,要对输入/输出信号分配 PLC 的输入/输出编号(地址),并编制成表。

一般情况下,输入/输出信号表要明显地标出模板的位置、输入/输出地址号、信号名称和信号类型等。尤其输入/输出定义表注释内容应尽可能详细。地址尽量按由小到大的顺序排列,没有定义或备用的点也不要漏掉,这样便于在编程、调试和修改程序时查找使用。

中间标志、定时器、计数器和数据区在编程以前可能不太好定义,一般是在编程过程中随使用随定义,在程序编制过程中间或编制完成后连同输入/输出信号表统一整理。

5.程序的编写

如果有操作系统支持,则尽量使用编程语言高级形式,如梯形图语言。在编写过程中,根据实际需要,对中间标志信号表和存储单元表进行逐个定义,要注意留出足够的公共暂存区,以节省内存的使用。

编写程序过程中要及时对编出的程序进行注释,以免忘记其间的相互关系。注释应包括对程序段功能、逻辑关系、设计思想、信号的来源和去向等的说明,以便于程序的阅读和调试。

6.程序的测试

程序的测试是整个程序设计工作中的一项重要的内容,它可以初步检查程序的实际运行效果。程序测试和程序编写是分不开的,程序的许多功能是在测试中修改和完善的。

测试时先从各功能单元入手,设定输入信号,观察输入信号的变化对系统的作用,必要时可以借助仪器仪表。各功能单元测试完成后,再连通全部程序,测试各部分的接口情况,直到满意为止。

如果是在现场进行程序测试,那就要将 PLC 与现场信号隔离,以免引起事故。

7.程序说明书的编写

程序说明书是整个程序内容的综合性说明文档,是整个程序设计工作的总结。编写的主要目的是让程序的使用者了解程序的基本结构和某些问题的处理方法,以及程序阅读方法和使用中应注意的事项。

程序说明书一般包括程序设计的依据、程序的基本结构、各功能单元分析、使用的公式和原理、各参数的来源和运算过程、程序的测试情况等。

上面流程中的各个步骤都是应用程序设计中不可缺少的环节,要设计一个好的应用程序,必须做好每一个环节的工作。但是,应用程序设计中的核心是程序的编写,其他步骤都是为其服务的。

8.常用编程方法

PLC 的编程方法主要有经验设计法和逻辑设计法。逻辑设计法以逻辑代数为理论基础,通过列写输入与输出的逻辑表达式,再转换成梯形图。由于一般逻辑设计过程比较复杂,而且周期较长,故大多采用经验设计的方法。如果控制系统比较复杂,那么可以借助流程图。所谓经验设计是在一些典型应用基础上,根据被控对象对控制系统的具体要求,选用一些基本环节,适当组合、修改、完善,使其成为符合控制要求的程序。一般经验设计法没有普通规律可以遵循,只有在大量的程序设计中不断地积累、丰富自己,才能逐渐形成自己的设计风格。一个程序设计的质量以及所用的时间,往往与编程者的经验有很大关系。

所谓常用基本环节,很多是借鉴继电接触器控制线路转换而来的。它与继电接触器线路图画法十分相似,信号输入、输出方式及控制功能也大致相同。对于熟悉继电接触器控制系统设计原理的工程技术人员来讲,掌握梯形图语言设计无疑是十分方便和快捷的。

17.4 PLC 控制系统的抗干扰性设计

尽管 PLC 是专为工业生产环境而设计的,有较强的抗干扰能力,但是如果环境过于恶劣,电磁干扰特别强烈或 PLC 的安装和使用方法不当,还是有可能给 PLC 控制系统的安全和可靠性带来隐患的。因此,在 PLC 控制系统设计中,还需要注意系统的抗干扰性设计。

1. 抗电源干扰的措施

实践证明,因电源引入的干扰造成 PLC 控制系统故障的情况很多。PLC 系统的正常供电电源均由电网供电。由于电网覆盖范围广,它将受到所有空间电磁干扰而在线路上感应电压和电流。尤其是电网内部的变化,如开关操作浪涌、大型电力设备启/停、交直流传动装置引起的谐波、电网短路暂态冲击等,都通过输电线路传到电源。采取以下措施可以减少因电源干扰造成的 PLC 控制系统故障。

(1) 采用性能优良的电源,抑制电网引入的干扰。

在 PLC 控制系统中,电源占有极重要的地位。电网干扰串入 PLC 控制系统主要是通过PLC 系统的供电电源(如 CPU 电源、I/O 电源等)、变送器供电电源和与 PLC 系统具有直接电气连接的仪表供电电源等耦合进入的。现在,对于 PLC 系统供电的电源,一般都采用隔离性能较好的电源;而对于变送器供电的电源和 PLC 系统有直接电气连接的仪表的供电电源,并没受到足够的重视,虽然采取了一定的隔离措施,但普遍还不够,主要是使用的隔离变压器分布参数大,抑制干扰能力差,经电源耦合而串入共模干扰、差模干扰。所以,对于变送器和共用信号仪表供电应选择分布电容小、抑制带大(如采用多次隔离和屏蔽及漏感技术)的配电器,以减少对 PLC 系统的干扰。此外,为保证电网馈电不中断,可采用不间断供电电源(UPS)供电,以提高供电的安全可靠性。此外,UPS 还具有较强的干扰隔离性能,是 PLC 控制系统的理想电源。

(2) 硬件滤波措施。

在干扰较强或可靠性要求较高的场合,应该使用带屏蔽层的隔离变压器对 PLC 系统供电。还可以在隔离变压器一次侧串接滤波器,如图 17-1 所示。

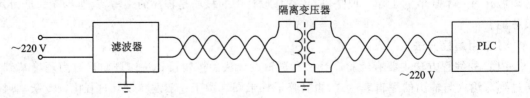

图 17-1　滤波器和隔离变压器同时使用

（3）正确选择接地点，完善接地系统。

2. 控制系统的接地设计

良好的接地设计是保证 PLC 可靠工作的重要条件，可以避免偶然发生的电压冲击危害。接地的目的通常有两个，其一为了安全，其二是为了抑制干扰。完善的接地系统是 PLC 控制系统抗电磁干扰的重要措施之一。接地系统的接地方式一般可分为 3 种：① 串联式单点接地；② 并联式单点接地；③ 多分支单点接地。PLC 采用第③种接地方式即单独接地。

PLC 控制系统的地线包括系统地、屏蔽地、交流地和保护地等。接地系统混乱对 PLC 系统的干扰主要是各个接地点电位分布不均，不同接地点间存在地电位差，引起地环路电流，影响系统正常工作。例如电缆屏蔽层必须一点接地，如果电缆屏蔽层两端都接地，就存在地电位差，有电流流过屏蔽层，当发生异常状态如雷击时，地线电流将更大。此外，屏蔽层、接地线和大地有可能构成闭合环路，在变化磁场的作用下，屏蔽层内又会出现感应电流，通过屏蔽层与芯线之间的耦合，干扰信号回路。若系统地与其他接地处理混乱，所产生的地环流就可能在地线上产生不等电位分布，影响 PLC 内逻辑电路和模拟电路的正常工作。PLC 工作的逻辑电压干扰容限较低，逻辑地电位的分布干扰容易影响 PLC 的逻辑运算和数据存储，造成数据混乱、程序跑飞或死机。模拟地电位的分布将导致测量精度下降，引起对信号测控的严重失真和误动作。

3. 防 I/O 干扰的措施

由信号引入干扰会引起 I/O 信号工作异常和测量精度大大降低，严重时将引起元器件损伤。对于隔离性能差的系统，还将导致信号间互相干扰，引起共地系统总线回流，造成逻辑数据变化、误动作或死机。可采取以下措施以减小 I/O 干扰对 PLC 系统的影响：

（1）从抗干扰角度选择 I/O 模块。

（2）安装与布线时的注意事项：

➢ 动力线、控制线以及 PLC 的电源线和 I/O 线应分别配线，隔离变压器与 PLC 和 I/O 之间应采用双绞线连接。将 PLC 的 I/O 线和大功率线分开走线，如必须在同一线槽内，可加隔板。分槽走线最好，这不仅能使其有尽可能大的空间距离，并能将干扰降到最低限度。

➢ PLC 应远离强干扰源如电焊机、大功率硅整流装置和大型动力设备，不能与高压电器安装在同一个开关柜内。在柜内 PLC 应远离动力线（二者之间的距离应大于 200 mm）。与 PLC 装在同一个柜子内的电感性负载，如功率较大的继电器、接触器的线圈，应并联 RC 电路。

➢ PLC 的输入与输出最好分开走线，开关量与模拟量也要分开敷设。模拟量信号的传送应采用屏蔽线，屏蔽层应一端接地，接地电阻应小于屏蔽层电阻的 1/10。

➢ 交流输出线和直流输出线不要用同一根电缆，输出线应尽量远离高压线和动力线，避免并行。

（3）考虑 I/O 端的接线。

输入接线一般不要太长，但如果环境干扰较小，电压降不大，则输入接线可适当长些。输入/输出线要分开，尽可能采用常开触点形式连接到输入端，使编制的梯形图与继电器原理图一致，以便于阅读。但急停、限位保护等情况例外。

输出端接线分为独立输出和公共输出，在不同组中，可采用不同类型和电压等级的输出电压,但在同一组中的输出只能用同一类型、同一电压等级的电源。由于 PLC 的输出元件被封装在印制电路板上,并且连接至端子板,若将连接输出元件的负载短路,则将烧毁印制电路板。当采用继电器输出时,所承受的电感性负载的大小,会影响到继电器的使用寿命,因此,使用电感性负载时应合理选择,或加隔离继电器。

　　(4)正确选择接地点,完善接地系统。

　　(5)抑制对变频器的干扰。

17.5　PLC 控制系统的调试

　　系统调试是系统在正式投入使用之前的必经步骤。与继电器控制系统不同,PLC 控制系统既有硬件部分的调试,还有软件的调试。与继电器控制系统相比,PLC 控制系统的硬件调试要相对简单,主要是 PLC 程序的编制和调试。一般可按以下几个步骤进行:应用程序的编制和离线调试、控制系统硬件检查、应用程序在线调试、现场调试、总结整理相关资料、系统正式投入使用,如图 17-2 所示。

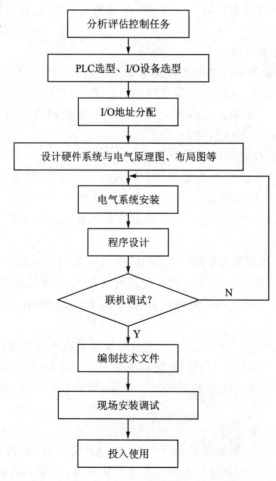

图 17-2　PLC 程序的编制和调试步骤

学习情境 18 实训 14：西门子 PLC 机床电气改造应用

摇臂钻床，也可以称为摇臂钻。摇臂钻是一种孔加工设备，可以用来进行钻孔、扩孔、铰孔、攻丝及修刮端面等多种形式的加工。按机床夹紧结构分类，摇臂钻床可以分为液压摇臂钻床和机械摇臂钻床。在各类钻床中，摇臂钻床操作方便、灵活，适用范围广，具有典型性，特别适用于单件或批量生产带有多孔大型零件的孔加工，是一般机械加工车间里常见的机床。

18.1 目的和要求

1. 学会用 PLC 实现对 Z3050 摇臂钻床的控制。
2. 掌握用 PLC 改造传统继电控制系统对输入信号和输出信号的确定原则和方法。
3. 学会选择关键信号构成主控程序和故障信号报警程序的设计方法。
4. 训练用 PLC 改造传统继电器接触器控制系统的编程思路和综合分析问题的能力。

18.2 机床概况

Z3050 摇臂钻床由底座、内外立柱、摇臂、钻轴箱（主轴箱）、主轴、工作台等组成，见图 18 - 1。

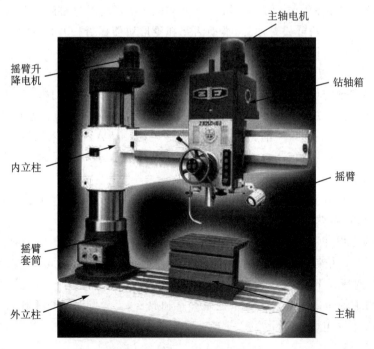

图 18 - 1　Z3050 摇臂钻床外形图

该设备用于单件或批量生产中带有多孔零件的加工。机床的主要结构运动形式为：外立柱套在固定在底座上的内立柱上，可绕内立柱回转360°，摇臂一端的套筒部分借助于丝杆，使摇臂可沿外立柱上下移动，摇臂与外立柱一起相对于内立柱回转。钻轴箱是一个复合部件，它带有主轴部件和主轴旋转及进给运动的全部传动、变速和操作机构，包括主轴电动机在内。钻轴箱可沿摇臂上的水平导轨作径向移动（手动）。加工时，可利用夹紧机构将钻轴箱紧固在摇臂导轨上，外立柱紧固在内立柱上，摇臂紧固在外立柱上，然后进行切削加工。

Z3050摇臂钻床有四台电动机。主轴电动机1M：控制主轴的旋转运动及进给运动，单向旋转，采用机械变换实现加工螺纹所需的正、反向旋转。摇臂升降电动机2M：控制摇臂的升降运动，双向旋转。液压泵电动机3M：控制摇臂的夹紧、放松，主轴箱及摇臂外立柱相对于摇臂内立柱的夹紧和放松，双向旋转。冷却泵电动机4M：手动控制，单向旋转。

18.3　控制要求

Z3050摇臂钻床电气控制线路图如图18-2所示。

（1）主轴的旋转运动控制。主轴电机由KM$_1$控制，SB$_2$、SB$_1$为启动、停止按钮。

工作流程如下：

接通自动开关QF→按下启动按钮SB$_2$→主电机1M启动，HL$_3$指示灯指示其动作。按下停止按钮SB$_1$→主电机1M停止工作。

（2）摇臂升降及夹紧、放松控制。摇臂钻床工作时，摇臂应夹紧在外立柱上，在摇臂上升与下降之前，须先松开夹紧装置，当摇臂上升或下降到预定位置时，夹紧装置将摇臂夹紧。

工作流程如下：

① 放松流程：按下SB$_3$（或SB$_4$）→液压泵电动机3M正转及电磁阀YA通电（高压油经二位六通电磁阀YA进入摇臂松开油缸，推动活塞和菱形块使摇臂松开）→松开到位→行程开关SQ$_2$压合→液压泵电动机3M停止工作。

② 上升（或下降）流程：SQ$_2$压合→摇臂升降电动机2M启动，带动摇臂上升（或下降）→摇臂上升或下降到预定位置时→松开按钮SB$_3$或SB$_4$→摇臂升降电动机2M断电。

③ 夹紧流程：摇臂升降电动机2M断电→KT延时一段时间→液压泵电动机3M反转及电磁阀YA通电（高压油经另一油路流入二位六通电磁阀YA，再进入摇臂夹紧油缸，反向推动活塞和菱形块使摇臂夹紧）→夹紧到位→行程开关SQ$_3$压合→液压泵电动机3M停止工作及电磁阀YA断电。

考虑到摇臂升降有一定的惯性，采用延时，保证在摇臂升降完全停止后才夹紧。延时时间视摩擦情况而定，一般调整在1~3 s的范围内。

摇臂夹紧的行程开关SQ$_3$应调整为在摇臂夹紧后动作，如调整不当，则会因SQ$_3$在摇臂夹紧后仍不能动作，使液压泵电动机3M因长期工作而过载。为防止此故障的产生，在电动机3M为短时运行的情况下，仍对3M采用热继电器作为过载保护。

（3）立柱与主轴箱采用液压装置来控制夹紧和放松，二者同时进行工作，工作时要求二位六通电磁阀YA不通电。

工作流程如下：

① 按下松开按钮SB$_5$→液压泵电动机3M正转，此时电磁阀YA不通电（其提供的压力油

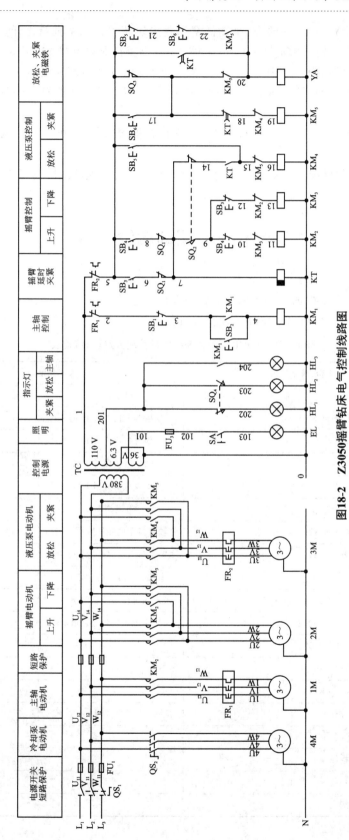

图18-2　Z3050摇臂钻床电气控制线路图

经二位六通电磁阀 YA 的另一油路,推动活塞和菱形块使立柱和主轴箱松开)→松开到位→行程开关 SQ_4 动作→松开指示灯 HL_2 亮→松开 SB_5→液压泵电动机 3M 停止工作。

② 按下夹紧按钮 SB_6→液压泵电动机 3M 反转(反向推动活塞和菱形块使立柱和主轴箱夹紧)→夹紧到位→行程开关 SQ_4 复位→夹紧指示灯 HL_1 亮→松开 SB_6→液压泵电动机 3M 停止工作。

(4)对上升、下降用行程开关 SQ_0、SQ_1 分别设置极限限位;主电路及控制电路采用热继电器实现过载保护。

(5)在系统动作转换期间应加必要的切换延时,延时时间视具体情况而定,一般在 $1\sim3$ s 范围。

18.4 实训内容

(1)系统配置:

① PLC 选型:学生根据系统要求及实验条件自行选择。

② 根据控制要求编制输入/输出编址表,如表 18-1 所列。

表 18-1 Z3050 摇臂钻床控制系统输入/输出编址表

输入编址		输出编址	
报警解除	学生自行确定编址	主轴电机 KM_1	学生自行确定编址
主轴电机停止按钮 SB_1		摇臂电机上升 KM_2	
主轴电机启动按钮 SB_2		摇臂电机下降 KM_3	
摇臂上升按钮 SB_3		油泵电机放松 KM_4	
摇臂下降按钮 SB_4		油泵电机夹紧 KM_5	
主轴箱与立柱放松按钮 SB_5		电磁阀 YA	
主轴箱与立柱夹紧按钮 SB_6		主轴箱与立柱夹紧指示灯 HL_1	
摇臂上限位行程开关 SQ_0		主轴箱与立柱放松指示灯 HL_2	
摇臂下限位行程开关 SQ_1		主轴电机运行指示灯 HL_3	
摇臂松开到位行程开关 SQ_2		液压系统轻故障报警指示灯	
摇臂夹紧到位行程开关 SQ_3		液压系统重故障报警指示灯	
立柱松开到位行程开关 SQ_4			
主轴电机过载保护 FR_1			
油泵电机过载保护 FR_2			
系统失压检测			
系统超压检测			
液压油温高检测			
滤油器堵检测			
液位低检测			

（2）绘制电气原理图。

要求：采用 A4 图纸，有电机主电路、电源电路、PLC 输入电路（8 点一张图）、PLC 输出电路（8 点一张图）、控制面板图。

（3）程序流程图设计。

要求采用子程序调用方式完成，分为主轴运转、摇臂升降、油泵启停及保护 3 个子程序。

（4）程序设计。

（5）程序调试。

18.5　练习评分

评分标准如表 18 - 2 所列。

表 18 - 2　评分记录表

序　号	考核内容与配分	评分标准	检测结果	得　分
1	主电路绘制 （8分）	主电路原理正确无误，错误一处扣 0.5 分，直至扣满 2 分		
		电气图形符号书写正确，错误一处扣 0.5 分，直至扣满 2 分		
		电路图线号标示正确无遗漏，遗漏一处扣 0.5 分，直至扣满 2 分		
		书写整齐美观，视情况扣 0.5～2 分		
2	PLC 接线图 （8分）	电气图形符号书写正确，错误一处扣 0.5 分，直至扣满 2 分		
		线号标识正确无遗漏，遗漏一处扣 0.5 分，直至扣满 3 分		
		遗漏熔断器、热继电器等每项扣 0.5 分，直至扣满 1 分		
		遗漏主回路硬件互锁每项扣 0.5 分，直至扣满 2 分		
3	I/O 地址分配表 （5分）	I/O 地址分配正确合理，无遗漏，遗漏一项扣 0.5 分，直至扣满 5 分		
4	安装与配线 （35分）	布局合理、整齐，一处不符扣 1 分，直至扣满 2 分		
		元器件安装正确牢固，不符规范没处扣 1 分，直至扣满 2 分		
		接线美观、牢固，连接复合要求及标准规范，不符每处扣 0.5 分，直至扣满 6 分		
		行线合理，不进入线槽，不合理每根扣 0.5 分，直至扣满 1 分		
		端子未压接、露铜过长、压绝缘层、反圈、每处接线超过两根等，每项扣 0.5 分，直至扣满 5 分		
		线号遗漏、误标一处扣 0.5 分，直至扣满 5 分		
		损坏元器件每件扣 3 分，损坏超过 2 件者取消其考试资格		

序　号	考核内容与配分	评分标准	检测结果	得　分
5	程序编制与调试,按题目要求完成程序编制、下载、在线监控、运行调试及排故等(30分)	熟练使用软件编制程序、下载、在线监控,得 5 分		
		不能根据题目要求完成启动、停止、运行等逻辑动作,每处扣 2 分		
		程序运行不能完成计时或错误,每处扣 2 分		
		程序运行不能完成计数或错误,每处扣 2 分		
		程序运行不能进行复杂逻辑控制动作,每处扣 5 分		
		运行调试故障分析清晰正确,不清晰不正确每项扣 3～5 分		
6	书面绘制梯形图(4 分)	梯形图绘制不全或错误每处扣 0.5 分直至扣满 3 分		
		书写美观合理,不美观视情况扣 1 分		
7	安全文明生产(10 分)(扣分项、否定项不配分)	违反操作规程及操作法规视情节轻重扣 1～10 分,直至取消考试资格		

附录 A 《维修电工》职业标准[*]（5 级）

职业功能	工作内容	技能要求	专业知识要求	比 重
一、电工基础知识与基本技能	（一）动力照明电路的读图与安装调试	1. 能识别动力照明电路中各种元件的图形符号 2. 能正确选用元器件和导线 3. 能使用电工工具按图进行安装和通电调试 4. 能掌握锯、锉、钻、凿、划线等基本的钳工技能	1. 电工基础知识 2. 照明电路及其控制原理 3. 直接或经电流互感器接入单相有功电能表组成量电装置的线路及其原理 4. 钳工基本技能知识 5. 电工材料知识 6. 电工工具使用知识	10%
	（二）电机、电器的拆装与调试	1. 能拆装常用低压电器 2. 能拆装三相交流异步电动机并对其参数进行测量 3. 能分辨变压器或电动机绕组的头尾	1. 接触器、时间继电器、自动开关、热继电器等常用低压电器的结构与原理 2. 三相交流异步电动机的结构及拆装方法 3. 交流电动机参数测量的方法 4. 同名端的概念及判断方法	10%
	（三）电工仪表的使用	1. 能根据测量要求正确选用电工仪表 2. 能对电工仪表进行调整和校正 3. 能使用电工仪表对电压、电流、电阻、功率、电能进行测量	1. 常用电工仪表的结构与原理 2. 万用表、兆欧表、钳形表、功率表、电度表的选用及操作方法	5%
二、电子技术	（一）读电子线路图	1. 能识别常用电子器件的图形符号 2. 能读懂简单的电子电路图	1. 半导体的基础知识 2. 单相整流、滤波、稳压电路的原理分析、波形及有关计算 3. 基本放大电路的组成和静态分析	10%
	（二）电子线路的安装调试	1. 能判断常用电子器件的引脚 2. 能安装、焊接、调试简单的电子电路 3. 单管放大电路静态工作点的测量	1. 电子焊接工艺知识 2. 万用表的结构、工作原理及其使用	10%

---

[*]　本标准对各等级的要求依次递进，高级别包括低级别的要求。

职业功能	工作内容	技能要求	专业知识要求	比　重
三、电气自动控制技术	（一）读电路图	1. 能识别常用低压电器的图形符号 2. 能分析三相异步电动机启动、制动、正反转控制环节电路图的工作原理 3. 能分析双速电机控制电路的工作原理 4. 能分析三相异步电动机典型控制环节的原理 5. 能分析车床、刨床、磨床、摇臂钻床等机床电气控制电路	1. 常用电气元件的图形符号、项目代号及电气原理图、接线图和有关文字说明方面的识图知识 2. 三相异步电动机的结构与原理 3. 三相异步电动机的启动、制动、正反转控制电路 4. 双速电机的控制电路 5. 三相异步电动机各种典型控制环节的结构与原理 6. M7130平面磨床电气控制电路的组成与原理 7. Z3040摇臂钻床电气控制电路的组成与原理	15％
	（二）控制电路的安装调试	1. 按图进行简单的三相异步电动机启动、制动、正反转控制电路的安装调试 2. 按图进行双速电机控制电路的安装调试	1. 常用低压电器的结构、特点及选用 2. 常用电工材料（导电材料、绝缘材料、磁性材料）的名称、规格和用途 3. 三相异步电动机的电气控制 4. 电器控制安装工艺	15％
	（三）分析与排除故障	1. 能对简单电气控制电路的故障现象进行分析 2. 能正确检查、排除电气控制电路的故障	1. M7130平面磨床电气控制电路的工作原理 2. Z3040摇臂钻床电气控制电路的工作原理 3. 电气控制电路故障的查找步骤	20％
相关基础知识		安全用电知识、低压用户电气装置规程、钳工基本操作知识、机械基础知识、金属工艺知识		5％

附录 B 《维修电工》职业标准(4 级)

职业功能	工作内容	技能要求	专业知识要求	比重
一、电工基础知识	(一)电工基础 (二)供配电技术基础	1. 能对电路进行分析计算 2. 能正确选用电器元器件 3. 能读懂简单的电力线路图	1. 直流电路 2. 交流电路 3. 电路中的过渡过程 4. 供配电应用知识 5. 电器设备与电力线路	10%
二、电子技术	(一)读电子线路图	1. 能识别各种电子元器件的符号 2. 能分析简单电路图的结构、分析工作原理 3. 能绘制简单的波形图	1. 单管放大电路的分析、计算 2. 反馈的概念、类型、原理 3. 振荡电路的概念、类型、原理 4. 功放电路的类型、原理 5. 稳压电路原理 6. 晶闸管、单结晶体管的结构与参数 7. 单相可控整流电路	10%
	(二)电子线路的安装调试与排故	1. 晶闸管、单结晶体管的识别与测试 2. 各种简单电子线路的安装与调试 3. 电子线路中简单故障的排除	1. RC 组容放大电路、晶体管稳压电路、RC 桥式振荡电路等的结构与原理 2. 单结晶体管触发电路的结构与原理 3. 各种简单电子线路的调试方法 4. 单相可控整流电路的原理、调试方法 5. 故障现象的分析与故障排除的方法	10%
	(三)电子仪器、仪表的使用	1. 能正确使用信号发生器、晶体管特性图示仪和示波器 2. 能使用示波器对电路中各点波形进行测量 3. 能使用万用表、特性图示仪等仪器仪表对元器件进行测量	1. 常用仪器仪表的结构与工作原理 2. 双踪示波器的结构与使用方法 3. 使用各种仪器仪表进行测量的方法	5%

职业功能	工作内容	技能要求	专业知识要求	比重
三、电气自动控制技术	（一）分析控制电路图	1. 能识别各种低压电器的图形符号 2. 能分析三相异步电动机启动、运行控制电路图的结构、分析工作原理 3. 能绘制简单的电动机控制电路图 4. 能分析三相异步电动机较复杂的电气控制电路 5. 能分析铣床、镗床等机床电气控制电路	1. 常用低压电器的结构、特点及选用 2. 常用电器的图形符号 3. 电气制图知识 4. 交、直流电动机的启动、制动、运行控制电路 5. 三相异步电动机各种典型控制环节及其综合运用 6. X62 铣床电气控制电路的组成与原理 7. T68 镗床电气控制电路的组成与原理	10%
	（二）控制电路的安装调试	1. 按图进行较复杂的三相异步电动机启动、制动控制电路的安装调试 2. 按图进行三相异步电动机典型控制环节电路的安装调试	1. 电机与变压器的原理与应用基础 2. 交流电动机的电气控制 3. 电器控制安装工艺	15%
	（三）分析与排除故障	1. 能对电气控制电路的故障现象进行分析 2. 能正确检查、排除电气控制电路的故障	1. X62 铣床电气控制电路的工作原理 2. T68 镗床电气控制电路的工作原理 3. 电气控制电路故障的查找步骤	10%
四、PLC 应用技术	（一）分析与编制简单的程序	1. 用基本指令编制简单的控制程序 2. 将简单的继电控制电路转化为 PLC 控制程序	1. PLC 的结构与工作原理 2. 从软、硬件方面了解 PLC 提高抗干扰能力的措施 3. 基本指令的含义及表达方式	13%
	（二）程序的输入与调试	1. 通过编程软件输入和编辑程序 2. 使用便携式编程器输入和编辑程序 3. 掌握接线规则 4. 掌握调试步骤	1. 编程软件的主要功能和使用 2. 便携式编程器的基本功能及使用方法 3. PLC 输入/输出端口的接线规则 4. 信号检测、输出负载的知识	12%
相关基础知识	机械基础知识、机床概况、工厂供电、安全生产的要求			5%

附录 C 《维修电工》职业标准(3 级)

职业功能	工作内容	技能要求	专业知识要求	比 重
一、电子技术	(一)电子线路图的分析	1. 能分析集成运放应用电路的工作原理 2. 能分析组合逻辑电路的工作原理 3. 能分析时序逻辑电路的工作原理	1. 集成运放的线性应用与非线性应用 2. 组合逻辑电路的分析及设计 3. 组合逻辑电路的分析及设计 4. 555 集成电路的综合应用	10%
	(二)电子线路的安装调试	1. 能安装与调试模拟及数字应用电路 2. 能使用示波器对电路中波形进行测量及帮助调试 3. 能对电路中的主要器件参数进行计算 4. 能绘制有关波形和特性曲线	1. 锯齿波发生器电路的组成、工作原理及调试方法 2. 三角波-方波发生器电路的组成、工作原理及调试方法 3. 单脉冲控制移位寄存器的组成、工作原理及调试方法 4. 脉冲顺序控制器的组成、工作原理及调试方法 5. 数字定时器的组成、工作原理及调试方法	10%
	(三)电子线路的故障排除	1. 能对常用电子电路中简单的故障进行分析 2. 使用示波器、万用表查找故障位置 3. 能排除故障	1. 故障现象及故障原因的分析 2. 查找故障位置的方法与步骤	5%
二、电力电子技术	(一)分析电路	1. 能分析三相可控整流电路的组成与工作原理 2. 能分析集成触发器的组成与工作原理 3. 能绘制主电路与触发电路的工作波形	1. 三相半控桥的组成与工作原理 2. 三相全控桥的组成与工作原理 3. 三相半波可控整流电路的组成与工作原理 4. 带平衡电抗器的三相双反星型可控整流电路的组成与工作原理 5. 晶闸管移相触发电路	10%
	(二)调试电路	1. 根据电路图进行接线安装 2. 运用示波器对可控整流电路进行调试 3. 波形测量	1. 三相可控整流电路的组成 2. 可控整流电路的调试方法 3. 可控整流电路的波形分析	15%

职业功能	工作内容	技能要求	专业知识要求	比 重
三、电气自动控制技术	（一）系统分析	1. 能读懂电气自动控制系统原理图,分析系统的组成及各部分的作用 2. 能分析系统中各控制单元的工作原理及整个系统的工作原理	1. 自动控制的基本知识 2. 直流调速系统 3. 交流变频调速系统 4. 电力电子技术	10%
	（二）控制系统的安装调试	1. 按控制系统图进行直流调速系统的接线、调试与测量 2. 按控制系统图进行交流变频调速系统的接线、调试与测量 3. 能对影响交、直流调速系统特性的参数进行调整	1. 交流调速控制器的使用和调试方法 2. 直流调速控制器的使用和调试方法	10%
	（三）故障的分析与处理	1. 能对电气设备及控制系统进行分析与维修 2. 能对设备及控制系统的简单故障进行分析及处理	1. 故障现象及故障原因的分析 2. 查找故障位置的方法与步骤	4%
四、PLC应用技术	（一）分析与编制程序	1. 用继电控制逻辑或控制逻辑关系来编制程序 2. 用步进指令编制程序,能画出状态转移图、步进梯形图、指令语句表 3. 用常用功能指令来编制程序	1. 步进指令编程方法,单流程、选择性分支与汇合、并行性分支与汇合、跳转、循环流程 2. 常用功能指令表达方式及编程规则	12%
	（二）程序的输入、调试与修改	1. 通过编程软件输入程序及调试 2. 用组态软件仿真进行调试 3. 能对程序进行修改	1. 用编程软件对程序进行监控与调试的方法 2. 一般程序错误的纠正步骤与方法	12%
相关基础知识	晶闸管电路的保护、安全生产要求			2%

附录 D 《维修电工》职业标准(2 级)

职业功能	工作内容	技能要求	专业知识要求	比 重
一、电子技术	(一)分析与设计电子线路图	1. 能分析与设计集成运放的综合应用电路 2. 能分析与设计组合逻辑综合应用电路 3. 能分析与设计时序逻辑综合应用电路 4. 能分析与设计脉冲电路	1. 集成运放综合应用电路的分析与设计 2. 组合逻辑综合应用电路的分析及设计 3. 组合逻辑综合应用电路的分析及设计 4. A/D、D/A 转换技术	7%
	(二)电子线路的安装调试	1. 能安装与调试综合性电子电路 2. 能使用示波器对电路进行调试及波形的测量 3. 能对电路中的器件参数进行计算	1. N 进制计数器电路的组成、工作原理及调试方法 2. 数据选择电路的组成、工作原理及调试方法 3. 数据分配的组成、工作原理及调试方法 4. 直流放大器及滞回特性比较器的组成、工作原理及调试方法	7%
	(三)电子线路的故障排除	1. 能对综合性电子电路中的故障进行分析 2. 使用示波器、万用表查找故障位置 3. 能排除故障	1. 故障现象及故障原因的分析 2. 查找故障位置的方法与步骤	5%
二、电力电子技术	(一)分析电路	1. 变压器中电压的矢量分析方法 2. 触发电路与主电路的同步关系 3. 触发电路与主电路中波形的测绘	1. 三相变压器的联结组 2. 晶闸管电路的同步(定相) 3. 直流斩波电路的工作原理	7%
	(二)调试电路	1. 三相变压器各种联结组的接线 2. 电压相序的测量 3. 能对可控整流电路及直流斩波电路进行调试	1. 触发器与主电路的配合关系 2. 三相可控整流电路的调试方法 3. 直流斩波电路的调试方法	7%
	(三)排除故障	1. 能对可控整流电路和直流斩波电路的故障进行分析 2. 使用示波器、万用表查找故障位置 3. 能排除故障	1. 故障现象及故障原因的分析 2. 查找故障位置的方法与步骤	5%

职业功能	工作内容	技能要求	专业知识要求	比 重
三、电气自动控制技术	（一）系统分析与简单设计	1.能对交、直流调速系统进行分析 2.能按控制要求对自动控制系统的设计进行简单的修改	1.自动控制系统的组成和工作原理 2.自动调速系统 3.电力电子技术	6%
	（二）控制系统的安装调试与测量分析	1.按控制要求对直流调速系统进行安装调试及测量分析 2.按控制要求对交流调速系统进行安装调试及测量分析	1.交流调速控制器的使用和调试方法 2.直流调速控制器的使用和调试方法	8%
	（三）故障的分析与处理	1.能对电气设备及控制系统进行分析与维修 2.能对设备及控制系统进行故障分析及处理	1.故障现象及故障原因的分析 2.查找故障位置的方法与步骤	5%
四、PLC 应用技术	（一）分析与设计程序	1.能用功能指令对实际控制项目进行编程 2.能使用模拟量输入输出模块	1.各种常用功能指令的功能及使用方法 2.模拟量输入输出模块的结构、与基本单元的连接方法及相关参数的设置	8%
	（二）程序的调试与排故	1.通过组态软件仿真或模拟实物对带功能指令的程序进行调试 2.按模拟量输入输出模块的使用规则对程序进行调试 3.能对程序中的错误进行排故	1.用组态软件仿真或模拟实物对程序进行监控与调试的方法 2.程序中故障的查找步骤与方法 3.模拟量输入输出模块的调试步骤	7%
	（三）人机界面的使用	1.能配置和连接人机界面 2.能使用人机界面组态软件对窗口及简单图标进行设计和调试 3.能结合人机界面中窗口、图标属性的设置编制相应的PLC应用程序	1.人机界面的结构和使用方法 2.人机界面组态软件的使用方法 3.人机界面中窗口、图标属性的设置与PLC中编程元件的关系 4.人机界面的操作步骤	5%

职业功能	工作内容	技能要求	专业知识要求	比　重
五、综合应用能力	(一)解决技术难题	1. 能解决车间生产过程中或电气维修中出现的有关的疑难问题 2. 能排除车间级供配电中发生的一般故障	1. 工厂供电技术 2. 电子技术 3. 电力电子技术 4. 自动控制技术 5. PLC应用技术 6. 机械基础知识	4%
	(二)技术管理	1. 能制订维修电工操作的规章制度(车间级) 2. 能对简单的电气项目进行技术和经济评估 3. 能提出工艺、线路、编程等方面的合理化建议 4. 应用推广新工艺、新技术 5. 具有培训和指导中、高级工的能力	1. 企业管理知识 2. 技术管理知识 3. 创造与创新	4%
	(三)案例分析	1. 能对简单的控制系统的组成进行分析,能介绍各部分的功能及在整个系统中的作用 2. 能分析并介绍简单的控制系统的工作原理 3. 能掌握并介绍简单的控制系统的调试或设置方法	1. 工厂供电技术 2. 电子技术 3. 电力电子技术 4. 自动控制技术 5. PLC应用技术 6. 机械基础知识	12%
相关基础知识	企业管理知识 技术管理知识 计算机应用、应用英语、职业道德、创造与创新等公共模块知识			3%

附录 E 《维修电工》职业标准(1级)

职业功能	工作内容	技能要求	专业知识要求	比 重
一、应用电子技术	(一)分析与设计电路	1. 能分析常用的全控型电力电子器件的特点与应用 2. 能分析直流PWM电路的组成与工作原理 3. 能分析与设计采用集成芯片的应用电子电路 4. 能使用可编程逻辑器件设计组合逻辑电路	1. 常用全控型电力电子器件的结构、特点与应用方法 2. 使用IGBT的直流PWM电路的组成与工作原理 3. 采用集成芯片的应用电子电路的分析与设计方法 4. 可编程逻辑器件的使用及设计方法	7%
	(二)安装与调试电路	1. 安装与调试PWM调速电路 2. 安装与调试采用集成芯片的应用电子电路 3. 安装与调试有源逆变电路 4. 用可编程逻辑器件实现组合逻辑电路的编程与下载	1. PWM调速电路的调试方法 2. 应用电子电路的调试方法 3. 有源逆变电路的调试方法 4. 可编程逻辑器件的编程、下载与调试方法	7%
	(三)排除故障	1. 能对各种应用电子电路的故障进行分析 2. 使用示波器、万用表查找故障位置 3. 能排除故障	1. 故障现象及故障原因的分析 2. 查找故障位置的方法与步骤	5%
二、电气自动控制技术	(一)系统分析与应用设计	1. 能按自动控制的要求对简单的自控系统进行设计或修改设计 2. 能对自动控制系统进行静态分析	1. 自动控制系统的组成与工作原理 2. 自动控制原理 3. 交、直流调速系统的基本结构与工作原理	7%
	(二)控制系统的安装调试、测量分析与验收	1. 能按图安装自动控制系统 2. 能根据工作要求编写控制系统的安装工艺、调试大纲及验收标准 3. 能对交、直流调速装置的工作参数进行设置并进行调试,能编写调试报告	1. 电子技术 2. 电力电子技术 3. 电气自动控制技术 4. 可编程序控制器和微机控制技术 5. 供配电技术 6. 管理技术	7%
	(三)故障的分析处理与技术改进	1. 能对电气设备及控制系统进行分析与维修,编写维修工艺和维修标准 2. 能对设备及控制系统进行故障分析处理及技术改进	1. 故障现象及故障原因的分析 2. 查找故障位置的方法与步骤 3. 电气设备管理知识	5%

职业功能	工作内容	技能要求	专业知识要求	比　重
三、PLC 应用技术	(一)分析与设计程序	1. 能根据专业特点用 PLC 实现多功能的系统控制,会编制较复杂的控制程序 2. 能使用特殊功能模块和相应功能指令编制闭环控制程序 3. 能对人机界面应用程序中图形的属性进行设置	1. 特殊功能模块的结构、工作原理及使用方法 2. PLC 控制闭环系统的组成和 PID 控制的实现 3. 人机界面的使用和应用程序的编制	9%
	(二)程序的调试与排故	1. 能按照工艺要求用 PLC 实现与传感器、变频器及其他执行部件组成多功能控制系统并进行调试 2. 能排除系统中存在的故障	1. PLC 与传感器、变频器及其他执行部件之间的信息传递 2. 系统调试的步骤与方法 3. 程序中故障的寻找及排除方法	7%
	(三)PLC 的通信	1. 能对 PLC 之间实现通信进行硬件配置 2. 能使用 PLC 和网络模块中的共享数据软元件进行编程以实现 PLC - to - PLC 通信	1. 网络通信的概念 2. 设备级网络通信的硬件配置、通行指令及软件 3. 设备级网络通信的操作步骤	4%
四、工业控制网络	(一)分析与设计电路	1. 能分析典型工厂自动化系统的三级网络结构 2. 能分析现场总线级通信网络的结构与通信方法 3. 能根据控制要求设计简单的现场总线级通信网络	1. 计算机通信方式与串行通信接口 2. 计算机通信的国际标准 3. PROFIBUS 现场总线 4. 工业以太网的概念	5%
	(二)网络布线	1. 能根据设计要求选用通信模块 2. 能采用合适的数据传输介质对网络进行布线 3. 能制作相关的连接器	1. S7 - 300 的配置 2. 远程 I/O(ET200 模块)的配置	6%
	(三)系统调试	1. 能对现场设备级总线网络进行组态 2. 能编制简单的程序以实现网络通信	1. 用编程软件进行组态的方法 2. 分布式 I/O 的地址映射	8%

职业功能	工作内容	技能要求	专业知识要求	比　重
五、综合应用能力	（一）解决技术难题	1. 能解决车间生产过程中或电气维修中出现的疑难问题 2. 能排除供配电中发生的一般故障	1. 工厂供电技术 2. 电子技术 3. 电力电子技术 4. 自动控制技术 5. PLC 应用技术 6. 机械基础知识	4%
	（二）进行技术管理	1. 能制订维修电工操作的规章制度 2. 能对一般电气项目进行技术和经济评估 3. 能提出工艺线路、编程等方面的合理化建议 4. 应用推广新工艺、新技术 5. 具有培训和指导高级工、技师的能力	1. 四新技术 2. 质量管理 3. 技术管理 4. 设备管理	4%
	（三）案例分析	1. 能对简单的闭环控制系统的组成进行分析，能介绍各部分的功能及在整个系统中的作用 2. 能分析并介绍简单的闭环控制系统的工作原理 3. 能掌握并介绍简单的闭环控制系统的调试或设置方法	1. 工厂供电技术 2. 电子技术 3. 电力电子技术 4. 自动控制技术 5. PLC 应用技术 6. 网络通信技术 7. 检测与传感器应用技术 8. 机械基础知识	12%
相关基础知识		微型计算机原理、串行通信协议及接口电路、管理知识、国内外电气及自动化专业的发展方向和趋势		3%

参考文献

[1] 王峰,蔡卓恩.维修电工实训[M].北京:中国电力出版社,2009.

[2] 常小芳.维修电工实训[M].北京:科学出版社,2015.

[3] 张卫华.维修电工实训教材[M].北京:北京航空航天大学出版社,2013.

[4] 张法治.维修电工实训技术[M].北京:清华大学出版社,2013.

[5] 人力资源和社会保障部教材办公室.维修电工职业技能鉴定指导[M].北京:中国劳动
社会保障出版社,2014.